安徽省高等学校省级质量工程项目线下课程（2021xxkc029）
安徽省高等学校省级质量工程项目“四新”研究与改革实践项目（2021sx027）
安徽省高等学校省级质量工程项目“六卓越一拔尖”项目（2022zybj026）
安徽科技学院校级质量工程项目一流教材建设项目（Xj2021067）

粉体工程
实验实训教程

主　编　丁志杰

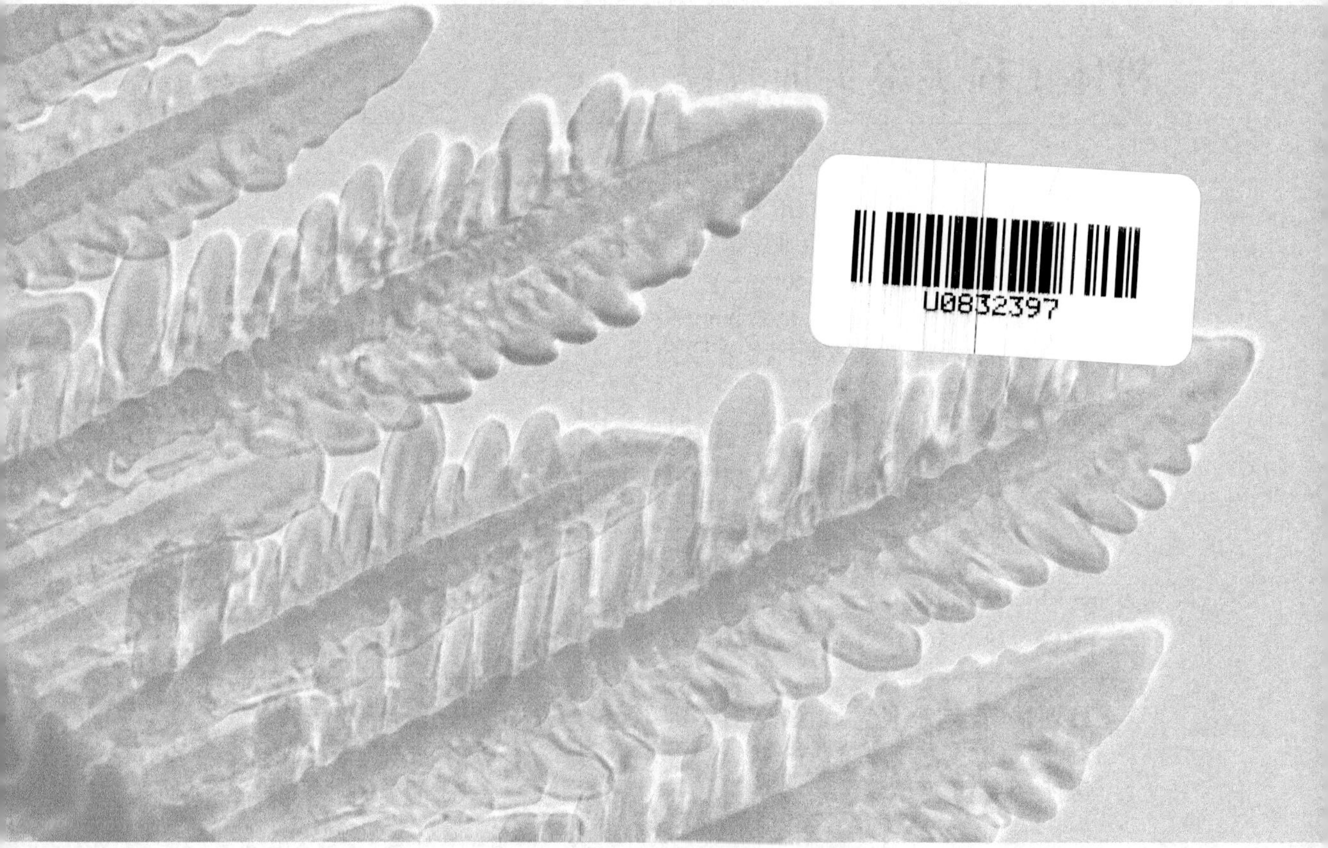

北京师范大学出版集团
BEIJING NORMAL UNIVERSITY PUBLISHING GROUP
安徽大学出版社

图书在版编目(CIP)数据

粉体工程实验实训教程/丁志杰主编. —合肥:安徽大学出版社,2020.6(2024.2重印)

ISBN 978-7-5664-2039-8

Ⅰ.①粉… Ⅱ.①丁… Ⅲ.①粉末法—教材 Ⅳ.①TB44

中国版本图书馆 CIP 数据核字(2020)第 066824 号

粉体工程实验实训教程

丁志杰 主编

出版发行:北京师范大学出版集团
安 徽 大 学 出 版 社
(安徽省合肥市肥西路 3 号 邮编 230039)
www.bnupg.com
www.ahupress.com.cn
印　　刷:江苏凤凰数码印务有限公司
经　　销:全国新华书店
开　　本:787 mm×1092 mm　1/16
印　　张:9.25
字　　数:174 千字
版　　次:2020 年 6 月第 1 版
印　　次:2024 年 2 月第 3 次印刷
定　　价:28.00 元
ISBN 978-7-5664-2039-8

策划编辑:刘中飞　武溪溪　陈玉婷
责任编辑:陈玉婷　武溪溪
责任校对:张明举
装帧设计:李　军
美术编辑:李　军
责任印制:陈　如　孟献辉

本书编委会

主　审　陈君华

主　编　丁志杰

副主编　郭　腾　郭　雨　魏居孟　惠贞贞
叶龙强　周永生

编　者　（按姓氏笔画排序）

丁志杰　王桂玲　牛斐洱　叶龙强
刘　有　闫浩然　李宏林　张大朋
张少卿　张雪梅　陆　彬　周可可
周永生　柏　雷　秦安山　徐　炜
郭　雨　郭　腾　章本天　惠贞贞
魏居孟

扫码查看知识拓展
与应用案例

扫码查看拓展实验

前　言

粉体工程是研究颗粒和粉状物料的性质、制备及处理的一门工程学科，内容包括颗粒性质与行为、颗粒形成与制备以及颗粒处理技术。通过针对理论模块开设相关实践训练，粉体工程实验实训可加深学生对粉体的性质、粉体的制备与分级等操作基本原理的理解，使学生熟悉粉体基本性质的表征方法，掌握必要的测试技术。

本书精选粉体工程与技术的部分传统实验，同时收录超细粉体材料的制备及结构形貌分析等新实验与新技术，以实验结合实训，可实现课程内容与职业标准、教学过程与实际生产的有效对接。

本书包括粉体的性质与结构表征、粉体的粉碎与分级、粉体的化学合成、粉体工艺综合实训和附录5个部分，在实验的选取方面，力求做到紧扣学科内容，开设典型实验。其中，粉体的性质与结构表征部分收录利用筛分法、激光粒度分析法和自由沉降法等测试粉体粒度分布，利用显微镜、扫描电镜和透射电镜等测试颗粒形状及粒度分布，测定粉体的真密度和松装密度以了解颗粒群聚集特性，测定休止角和摩擦角参数以评价粉体的流动性，以及测定接触角等以表征粉体表面润湿性能等实验。粉体的粉碎与分级部分收录利用破碎机破碎、球磨机粉磨等物理方法制备粉体，测定邦德功指数以评价物料易磨性，以及测定振动筛的筛分效率等实验。粉体的化学合成部分收录利用化学气相沉淀法、络合溶胶-凝胶法和固相反应法等方法制备粉体的实验。粉体工艺综合实训部分则与工程实际相结合，收录几个综合实训实例，可作为课程实践周的学习内容。作为实验内容的补充，附录部分收录试样的采集和制备、泰勒筛目数与孔径对照表等内容。

本书由丁志杰担任主编，郭腾、郭雨、魏居孟、惠贞贞、叶龙强和周永生担任副主编。其中，实验1.1.1、1.1.2、1.2.1、1.5、1.8、2.3、2.4以及附录1、2、8和9由丁志杰编写，实验1.1.3、1.4、2.2、3.3、3.9以及附录3、4、5、6和7由郭腾编写，实验1.2.2和1.2.3由魏居孟编写，实验1.3由牛斐洱编写，实验1.6、1.7和3.4由叶龙强编写，实验2.1和3.7由惠贞贞编写，实验3.1由柏雷编写，实验3.2、3.10和4.2由张少卿编写，实验3.5由王桂玲编写，实验3.6由闫浩然编写，实验3.8和4.1由郭雨和秦安山（企业专家）编写，实验4.3由张雪梅编写，实验4.4由周永生和张大朋（企业专家）编写，全书由陈君华审定。本书的编写还得到了企业专家崔强和谢思怀的无私帮助与大力支持，在此表示诚挚的谢意。

在本书的编写过程中，编者参阅了兄弟院校的一些优秀教材及大量线上文献资料，限于篇幅、时间和精力，仅列出了部分参考文献，在此向所有相关作者一并致以谢意！

本书的出版得到了安徽科技学院校级质量工程项目(Xj201752、X2017065)、安徽省一流(品牌)专业“无机非金属材料工程”(2018ylzy043)、安徽省高校优秀拔尖人才培育资助项目(gxgnfx2019020)、校企合作实践教育基地项目(Xj201821)以及安徽省重点教学研究项目(2017jyxm0366)的资助。

由于编者学识水平有限，难免有疏漏欠妥之处，欢迎专家和读者批评指正，提出宝贵的意见和建议。

编　者

2020年4月

目　录

第 1 章　粉体的性质与结构表征

粉体在化工及其相关行业中有着广泛的应用，粉体技术直接影响着制药、矿业、生物、食品以及新材料行业的发展，是许多传统工业和新兴加工工业的核心环节。在粉体工程设计中，粉体物性是必不可少的数据。在粉体物性研究方面，研究较多的有粒子的平均粒度、粒度分布、颗粒形状、比表面积、堆积密度和表面性质等。

1.1　粉体粒度及粒度分布的测定

颗粒体系性质及行为是无机非金属材料科学的研究基础。如在陶瓷和玻璃粉体中，几乎没有单分散的体系，而且在实际应用中所出现的各种组分的颗粒的形状往往各异。因此，表征颗粒的尺寸、形状和粒度分布，便是分析和评价颗粒体系行为的关键。其中，颗粒的粒度是粉体各种物理性质中最重要的特性。为了掌握生产线的工作情况和产品质量情况，在生产过程中必须按时取样并对产品进行粒度分布的检验，在粉碎和分级操作过程中也需要测量粒度。

粒度测定的方法有多种，常用的有筛分法、沉降法和激光粒度分析法等。

1.1.1　筛分法

1.1.1.1　实验目的

①了解筛分法测粉体粒度分布的原理和方法。

②根据筛分数据绘制粒度累积分布曲线和频率分布曲线。

1.1.1.2　实验原理

筛分法简单易行，是生产中最常用的方法，适用于 20 μm～100 mm 的粒度分布测量，以粒子可以通过的筛孔孔径代表粒子的粒径。筛分法常使用标准套筛，将一定量的粉体加到从上到下、由粗到细排列的标准套筛上，振动一定时间后，将其分离成若干个粒级，称量每一筛层的粉末量，求得以质量分数表示的粒度分布。

筛孔的大小习惯上用“目”表示，其含义是每英寸(25.4 mm)长度上筛孔的数目。目数就是孔数，目数越大，孔径越小。用 n 个筛子，可将物料分成 $n+1$ 个粒级，各粒级的物料粒度以相邻两个筛子对应的筛孔尺寸表示。如 30～40 目表示可以通过 30 目筛而不能通过 40 目筛的粉粒。

筛分法有干筛法与湿筛法两种。干筛法是将一定质量的粉料试样置于筛中，借助机械振动或手工拍打使细粉通过筛网，直至筛分完全，根据筛余物质量和试样质量求出粉料试样的筛余率。湿筛法是将一定质量的粉料试样置于筛中，用适宜的分散水流(可带有一定的水压)冲洗一定时间，直至筛分完全，根据筛余物质量和试样质量求出粉料试样的筛余率。

测定粒度分布时，一般用干筛法。若试样含水较多，颗粒凝聚性较强，则应当用精度较高的湿筛法；特别是颗粒较细的物料，若允许与水混合，最好使用湿筛法，因为湿筛法可避免细小颗粒堵塞筛孔。另外，湿筛法不受物料温度和大气湿度的影响，还可以改善操作条件。目前，针对水泥及生料的细度测定，湿筛法与干筛法均已被列为国家标准方法。

通常采用频率分布和累积分布来表示颗粒的粒度分布：频率分布表示各个粒径相对应颗粒的质量分数(微分型)；累积分布表示小于(或大于)某粒径的颗粒占全部颗粒的质量分数(积分型)。常用表格或图形来表示颗粒粒径的频率分布和累积分布。

筛分法使用的设备简单，操作方便，但筛分结果受颗粒形状的影响较大，粒度分布的粒级较细。测试下限超过 38 μm 时，筛分时间长，容易堵塞。

1.1.1.3 实验仪器与材料

标准筛、振筛机、托盘天平、秒表、搪瓷盘、玻璃皿和烘箱等。

物料：粒度小于 1.0 mm。

1.1.1.4 实验步骤

(1)干筛法

①用圆锥四分法缩分取样，再将试样放入烘箱中烘干至恒重，准确称取100 g烘干试样。若松装密度大于 1.5 g/cm^3，则称取 50 g。

②按孔径由大到小的顺序叠好标准筛，确保镶合完全，装上筛底后，安装于振筛机上。将称好的试样倒入最上层筛子，盖上筛盖。

③启动振筛机，振动一段时间，然后依次将每层筛子取下，手工筛分。若1 min后筛下物料的量小于筛上物料的 1%，则认为已达筛分终点，否则要继续手工筛分至终点。筛分时间通常为 5 min，有时也可以为 10～15 min 。卸出上层筛框时，可用两手按住正下方两侧筛框，并以两手拇指顶起上面的筛框，稍微转动筛体。

手工筛分：用手均匀摇振筛子，每分钟拍打 150 次。每拍打 25 次将筛子转 1/8 圈，使试样分散在筛布口。拍打约 10 min，直至筛分终点，即拍打 1 min 后筛下物料的量小于筛上物料的 1%。

④小心取出试样，分别称量各筛上和筛底盘中的试样质量，并记录于表中。如有颗粒卡在筛网上，可在筛框倒转的状态下转动筛框，不停敲击，使之落入盛料箱中。

⑤计算各层筛面和筛底盘上物料质量总和与原试样质量差值，误差不应超过2%，可将损失的质量加在最细粒级中。如误差超过2%，重新进行实验。

实验误差=(试样质量－筛分后总质量)/试样质量×100%

(2)湿筛法

①用圆锥四分法缩分取样，将试样放入烘箱中烘干至恒重，准确称取 50 g。

②将试样放入烧杯中，加水搅拌成泥浆。若试样为难分散粉料，则需加入适量的分散剂。

③将上述泥浆倒入所选号数的筛上，然后依次在盛有清水的搪瓷盘中淘洗或用水冲洗。最好将各层筛上的残留物用洗瓶分别洗到玻璃皿中，放入烘箱内烘干至恒重，称量(精确至 0.1 g)。

若直接用泥浆进行测定，则先称 50 g 或 100 g 泥浆，放入烘箱内烘干至恒重，称量，测定此泥浆含水量。计算并称取相当于 100 g 干粉重的泥浆，按上述步骤测定筛余率或各号筛上的筛余量。

1.1.1.5　注意事项

①对物料进行筛分时，物料颗粒的物理性质(如表面积、含水量等)对筛分效率有较大的影响。因此，实验前应对试样进行处理，使之达到实验的要求。

②筛分所测得的颗粒大小分布还取决于筛孔形状、筛子的磨损程度、筛面上颗粒的数量、振动筛子的方法和筛分时间等因素。不同筛子和不同操作对实验结果都有影响。因此，实验前应仔细检查设备的状态，按要求进行实验操作。

1.1.1.6　实验结果与分析

①干筛法记录。

表 1-1　干筛法实验记录

试样名称：________　试样质量：________　筛分时间：________

标准筛		质量/g	质量分数/%	累积百分数/%	
筛目	筛孔尺寸/mm			筛上	筛下
共计					

②湿筛法记录。

表 1-2 湿筛法实验记录

试样名称：________ 试样质量：________ 筛分时间：________

标准筛		筛上物质量/g				残留物质量/g		分级质量百分率/%	累积百分数/%	
筛目	筛孔尺寸/mm	皿号	皿重	皿＋湿样	皿＋干样	泥浆	残渣		筛上	筛下
共计										

③数据处理。

根据实验结果，在坐标纸上绘制筛上累积分布曲线、筛下累积分布曲线和频率分布曲线(粒度 ΔD 尽量减小，通常可取 0.5 mm)，标记出中位径(D_{50})和最频粒径(最大几率径)。

1.1.1.7 思考题

①影响筛分法的因素有哪些？

②根据粒度分布曲线，如何判断试样的分布情况？

③根据粒度分布曲线，如何确定试样的平均径、中位径及最大几率径？

④粉体的均匀度是表示粒度分布的参数，可由筛分结果计算(均匀度＝D_{60}/D_{10})，试求所测粉体的均匀度。

1.1.2 沉降法

1.1.2.1 实验目的

①了解和掌握沉降法测定微细粒级矿粒粒度分布的方法。

②根据沉降时间，计算出各粒级的粒度，称量沉降量，确定颗粒的粒度分布。

1.1.2.2 实验原理

本实验采用重力沉降法。重力沉降是指在液体中借助重力作用去除固体颗粒的一种过程。与依赖惯性离心力作用而实现沉降过程的离心沉降相比，重力沉降操作简单，更为经济合理。根据液体中固体物质的浓度和性质，可将沉降过程分为自由沉淀、絮凝沉淀、成层沉淀和压缩沉淀四类。颗粒在自由沉淀过程中呈离散状态，互不结合，其形状、尺寸和密度等物理性质均不改变，下沉速度恒定，在水流中的沉降轨迹是直线。在悬浮物浓度不高的情况下，多发生自由沉降，如沉砂池及初沉池中的初期沉降。为便于分析，作如下假定：沉降颗粒为球形，其大小、形状及质量在沉降过程中均不发生变化；水处于静止状态，且为稀悬浮液。

沉降法利用颗粒在液体介质中的沉降速度与粒度的关系进行测定，通常采用 Andreasen 吸管法，适用于测定 1～200 μm 的颗粒。若颗粒过大，则沉降速度过快；若颗粒过小，则沉降速度过慢。

颗粒自静止状态开始沉降。在加速度作用下，沉降速度愈来愈大，随之而来的反方向阻力也不断增加。但是，颗粒的有效重力是一定的。因此，随着阻力增加，沉降的加速度减小。当阻力与有效重力相等时，颗粒运动趋于平衡，沉降速度达到最大值，不再增大。此时的速度称作自由沉降末速(u)。自由沉降过程可以由 Stocks 公式(1－1)进行描述。设定一定的沉降高度，在此高度范围内颗粒以等速沉降，求出粒径，并在一定时间间隔内用吸管取样，测定颗粒的浓度或沉降量，可求得粒度分布。由沉降高度和沉降时间也可求得颗粒粒度[式(1－2)]，然后根据沉降量可求得粒度分布。测得的粒度分布以质量为基准。

$$D=\sqrt{\frac{18\mu u}{(\rho_p-\rho)g}} \tag{1-1}$$

$$D=\sqrt{\frac{18\mu h}{(\rho_p-\rho)gt}} \tag{1-2}$$

式中：D 为球形固体颗粒直径(cm)；μ 为液体的黏滞系数(Pa・s)；u 为颗粒的沉降末速(cm/s)；ρ_p为固体的密度(g/cm^3)；ρ 为介质的密度(g/cm^3)；g 为重力加速度(981 cm/s^2)；h 为沉降距离(cm)；t 为沉降时间(s)。

h 值的选择应使时间 t 不过长或过短。一般情况下，对于细颗粒，h 值要小些；相反，对于粗颗粒，h 值要大些，但不能小于在该容器内"液∶固＝6∶1"(对于泥质物料，此比值应为 10∶1)的高度。

进行粒度测试前要对样品进行分散处理。常用的分散方法有润湿、搅拌和超声波振动等，往往同时使用几种方法。粒度测试时，通常将样品置于某种液体(称为介质)中，制成悬浮液。对介质通常有下列要求：a. 纯净。b. 不与颗粒发生物理及化学反应。c. 与颗粒的亲和性良好，即对颗粒表面具有良好的润湿作用。d. 使颗粒具有适当的沉降状态。粒度测试最常用的液体介质是水。此外，常用的介质还有水和甘油的混合液、乙醇和甘油的混合液、乙醇、汽油等。分散剂是指加入介质中的能使介质表面张力显著降低、颗粒表面得到良好润湿的物质，常用分散剂见表 1-3。

表 1-3 常用分散剂

样品名称	分散剂
碳酸钙	焦磷酸钠、聚丙烯酸钠
滑石	焦磷酸钠、六偏磷酸钠
高岭土	六偏磷酸钠、焦磷酸铵
碳化硅	六偏磷酸钠
铝	焦磷酸钠
石英	焦磷酸钠

分散剂应在测试前先按一定比例与水混合，确保完全溶解（浓度为 0.2%～0.5%）。大部分有机溶剂作介质时不用另加分散剂，因为它们本身能使颗粒达到较好的分散效果。

1.1.2.3 实验仪器与材料

标尺、秒表、容量瓶（100 mL）、玻璃漏斗、滤纸（中速定性）、称量瓶（或表面皿）和天平（万分之一）等。

矿粒干试料或矿浆（300～500 mL/L）。

实验装置如图 1-1 所示。

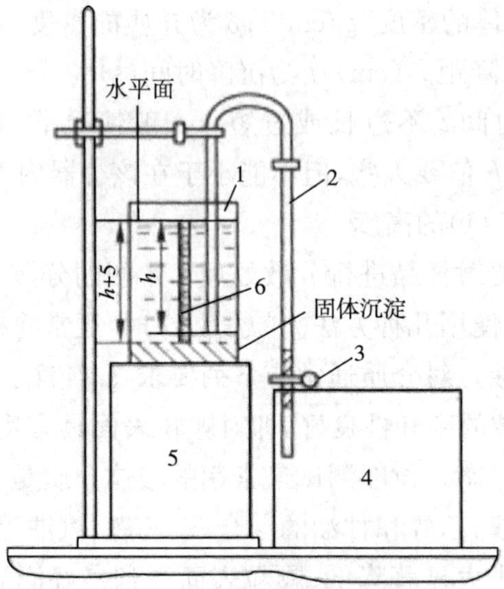

1-玻璃杯；2-虹吸管；3-夹子；4-溢流收集器；5-台座；6-毫米刻度纸条

图 1-1 沉降实验装置

1.1.2.4 实验步骤

①称取 50～100 g 待沉降的干试料（矿浆亦可），置于小烧杯内，加水润湿，赶走气泡。

②将处理后的试料倒进带毫米刻度纸的透明器皿内，加水至标明的刻度（h

处)，用带橡皮头的玻璃棒剧烈搅拌，使试料悬浮。

③停止搅拌，待液面基本平静按秒表计时，经过时间 t(由沉降的粒级大小决定)后打开虹吸管夹子3，将矿浆全部吸出。

④经过相同的沉降时间，多次反复吸出不同高度的浆液。

⑤将吸出的产物和沉于器皿底部的产物分别沉淀、烘干、称重，即可算出各粒级的产率。

⑥改变沉降时间 t(由长到短)，重复实验便可得出物料的粒度分布。

1.1.2.5　注意事项

①在确定 h 高度时，要使虹吸管口高于试料层5 mm以上。

②为避免颗粒团聚产生误差，可在沉降时于器皿中加入少量分散剂(分散剂浓度为0.01%～0.02%)，如水玻璃、焦磷酸钠或六偏磷酸钠等。

1.1.2.6　实验结果与分析

①按式(1－2)算出各粒级的粒度 D，称量沉降量 m。

②计算出各粒级的产率，求得粒度分布，制作粒度分布表格，绘制粒度分布曲线。

1.1.2.7　思考题

①在沉降过程中，颗粒团聚对测定有什么影响?

②为什么虹吸管口要高于试料层5 mm以上?

1.1.3　激光粒度分析法

1.1.3.1　实验目的

①了解激光粒度分析法的基本原理和特点，熟悉相关设备的结构。

②掌握用激光粒度分析仪测定粒度和粒度分布的方法，了解测定值的物理意义。

1.1.3.2　实验原理

粉末材料是由小颗粒聚集而成的。由于晶体结构、解理特征和材料的力学性能不同，不同的粉末材料所包含的小颗粒的形状、长径比和表面形态等几何特征是不同的，会较大程度地影响其物理和化学特性。因此，表征粉末颗粒的几何构型与聚集特性是很重要的。除了采用电子显微技术之外，利用激光粒度分析仪测试也是一种很重要的方法。

激光粒度分析法的原理是激光照射到粉末颗粒后，颗粒使激光产生衍射和散射。由激光器(一般是He-Ne激光器或者半导体激光器)发出的激光，经空间滤波器和扩束透镜后成为一束直径为10 mm左右的平行光。在没有颗粒的情况下，该平行光通过傅里叶变换透镜后，汇聚到后焦平面上。当通过适当的方式将一定量的颗粒均匀分布的样品置于平行光束中时，平行光将发生散射，一部分光将与光轴成一定角度向外传播，如图 1-2 所示。

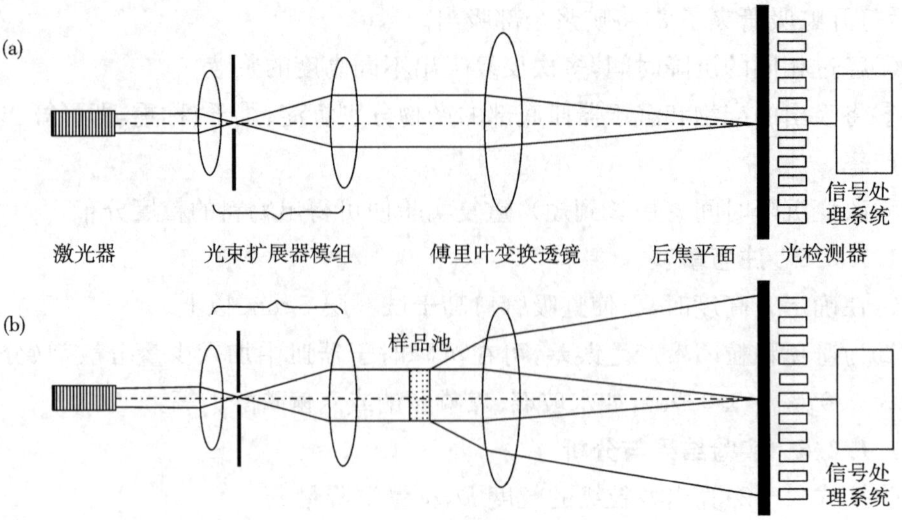

(a)为没有颗粒样品时的光路图；(b)为有颗粒样品时的光路图

图 1-2 激光粒度分析仪的工作原理

上述散射现象与粒径之间的关系可以概括为大颗粒引发的散射光的角度小。颗粒越小，散射光与轴之间的角度就越大。这些不同角度的散射光通过傅里叶变换透镜后，将在后焦平面上形成一系列不同半径的光环。由这些光环组成的明暗交替的光斑称为 Airy 斑，包含丰富的粒度信息。半径大的光环对应着较小的粒径，半径小的光环对应着较大的粒径。不同半径光环的光的强度，反映不同粒径颗粒的数量关系。我们在后焦平面上放置一系列的光电接收器，将由不同粒径的颗粒散射的光信号转换为电信号，并传输到计算机中，通过米氏散射理论对这些信号进行数据处理，就可以得到粒度分布。

粒度分析仪测试的样品分标准的悬浮液和普通粉末两种形态。若需要精确表征粉体的粒度分布，则要先利用独立的超声波清洗机或分散仪等设备将粉末分散为均匀的悬浮液(尽可能满足颗粒均匀分散的条件)，然后再进行测试。若无需精确表征粉体的粒度分布(只需了解大概的分布情况)，则可将准备好的固态样品粉末直接放入仪器的样品池中。此时，分散样品靠的是仪器自身的超声分散功能。

1.1.3.3 实验仪器与材料

Bettersize2000 型激光粒度分析仪与 Bettersize2000LD 型激光粒度分析仪(含配套干法分散系统、进气与排气系统和旋风收尘系统等)、超声波清洗机和药匙等。

粉末试剂：采用湿化学法制备的磷酸盐和试剂级碳酸钙等。

分散剂：三聚磷酸钠、六偏磷酸钠和焦磷酸钠等。

1.1.3.4　实验步骤

(1)测量前准备

①准备样品。样品必须能够准确反映待测物质，因此，应确保使用的样品是具有代表性的。若样品储存在容器中，则测量前样品应充分混合，确保大小颗粒都被取样。液体样品需要选择合适的泵速，确保样品充分混合，防止大颗粒沉入容器底部而没有被测量。在干法测量结束后，样品盘上不应有残留样品，同时应尽量保证所有的样品颗粒都被测量。

取样时要尽量多点取样，同时要将样品缩分。样品的缩分方法有分样器缩分法、圆锥四分法和棋盘缩分法等。对于采用液体分散法进行测试的实验而言，首先需要根据样品的化学性质正确地选择介质和分散剂。可以利用测试仪的超声和循环功能，将样品在循环池内配置成悬浮液；也可以采用独立的超声波清洗机或者分散仪等设备，用烧杯装载样品，并加入水和其他分散剂等配制成悬浊液。不同的样品需要的超声波分散时间不同。

②开机前检查水电。后续与仪器操作有关的实验步骤以 Bettersize2000 基本型为例进行说明，补充介绍 Bettersize2000LD 干法型设备。若两者操作不同，则会特别指明。

检查插座开关是否打开，检查电源连接是否完好。由于测试过程中需要循环水，因此，需要有提供水的容器(可以用大容量玻璃器皿，但要求盛放的是蒸馏水或纯净水，以免腐蚀仪器)。将仪器的进水管插入供水容器，同时将两根排水管导入排水槽。

采用 Bettersize2000LD 干法型设备时，还需要检查空气压缩机、过滤器和吸尘器等是否连接正常。其中，压缩机分成双气路，每个气路由独立的开关控制。压缩机在开主机前可以插上电源(其开关可以常开，但是，要注意按照维护要求每周排一次水)。

(2)测试步骤

①开机并进入软件主界面。按照粒度分析仪、电脑显示器和电脑主机的顺序依次打开仪器(粒度分析仪的开关在背面右侧电源引线处)，打开之后可见粒度分析仪面板左侧的电源指示灯变成蓝色，说明仪器已加载电源。待电脑系统引导完毕，双击桌面上的“Bettersize2000 激光粒度分析系统 Ver2.0”图标，进入激光粒度分析系统软件主界面，如图 1-3 所示。

对于 Bettersize2000LD 干法型设备而言，接通市电电源时即开启空气压缩机。另外，开启主机之后还需开启分散器进样系统(连同吸尘器一起开启)，才能够开启电脑并进入系统。以上两种设备的软件系统大同小异。

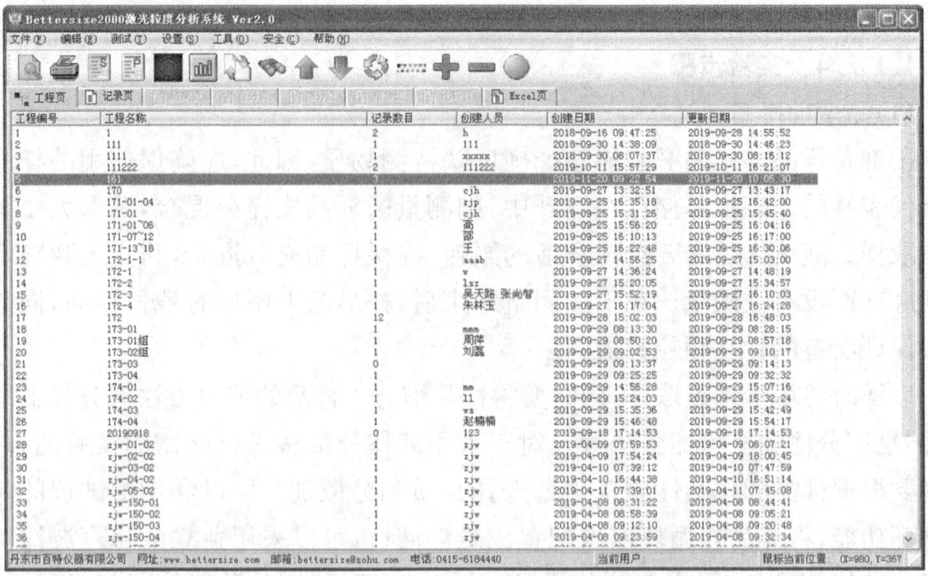

图 1-3　Bettersize2000 激光粒度分析系统软件主界面

②调试软件。在软件主界面中,依次点击"进水""排水""循环""超声""加速"和"减速"按钮(在快捷工具栏的右侧),检验循环分散系统是否正常工作。

待调试完成,通过自动进水或人工加水的方法重新将循环样品池内加满水,点击"循环"和"超声"按钮,排除气泡,之后点击主界面的"测试过程"快捷按钮,在弹出的对话框中点击"测试"选项卡,观察相应的背景是否满足要求(正常状态下,背景值不应大于 6)。如果满足要求,则说明仪器正常,可以进行测试。如果不满足上述要求,则需要利用"自动测试"功能测定透明液体的粒度分布,判断故障所在,并根据具体情况消除故障。

对于干法型设备而言,仪器以压缩循环空气作为分散介质来测定粉体粒径。因此,气路应有吸收源和供给源,且测试时应首先开启空气吸收部分,然后才能开启空气压缩供给部分。在软件主界面中,首先点击"吸尘器",然后点击"气源"(建议选择气源 1,气源 2 为备用),检测气路是否畅通。注意:关闭时,应先关闭气源,再关闭吸尘器,否则会使仪器无法工作。

③创建测试工程。Bettersize2000 激光粒度分析系统软件对测试记录信息的管理类似于文件夹分类管理的模式,即采用工程作为文件夹的形式,将某一类条件类似(例如同一人或者同一个样品系列)的样品的测试过程记录信息依次存入。在软件主界面的窗口空白区域点击右键,在弹出的快捷菜单中选择"新建工程",然后在弹出的对话框中输入工程的名称(测试样品系列的名称、测试时间等信息均可)和创建人员,即可完成创建。接下来,选中新建的工程(以蓝色光标条高亮显示),点击"测试过程"快捷按钮,在"文档"选项卡中填入样品名称、编号、分散介质与分散剂名称以及测试单位和人员信息等,如图 1-4 所示。对于干法型设备而

言，其中“介质名称”为“Air”。

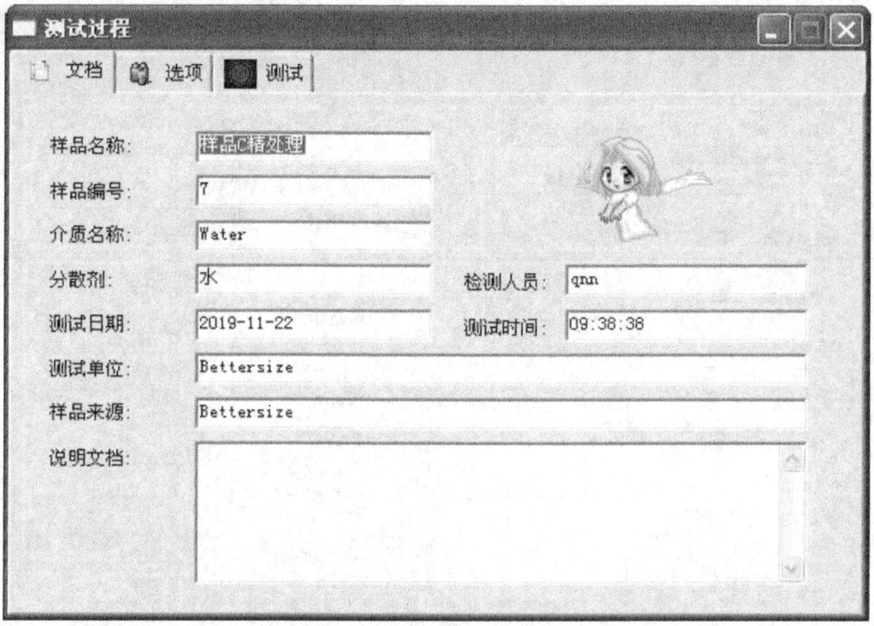

图 1-4　“文档”选项卡

④设置参数。

a. 设置折射率。点击“选项”选项卡，在“光学参数”部分，为样品选择合适的折射率，也就是根据需要选择测试的粉体和测试分散介质类型，如图 1-5 所示。选择时可以采用“物质查询”功能，在系统已经存储的 260 种物质中进行查询，以选择所测试的物质和所采用的介质。如果介质折射率已知，但是系统未收录，则需要使用“编辑”功能将这个物质加入数据库，以方便日后调用。

在用米氏散射理论（系统测试所默认的理论）进行数据处理时，需要用到折射率参数。此时，样品的折射率分为实部（反映样品的折射特性）和虚部（反映样品对光的吸收特性）。在上述界面中，选定物质名称后，折射率就确定了。对于干法型设备而言，其中介质仍然只能选择空气。

b. 设置浓度的上下限。系统中的浓度即为遮光率，反映单位体积内悬浮固体颗粒的个数。对于陶瓷粉末样品，遮光率的范围可以设为 5～30（对干法型设备而言，该值为 5～20）。如果是比较少见或者粒度特殊的粉体，则需要根据情况来设定该参数。

c. 设置其他参数。为了比较准确地表征样品比表面积的数值，需要填入样品比重（样品的真密度，即理论密度）。“采样次数”和“连续次数”在大多数情况下取系统的默认值即可。在“分析模式”中，大多数情况下选择“通用”模式，而其余的模式则是根据样品和测试的特殊需要选用。“光学模式”中，大多数情况下都选择

"Mie",即米氏散射。

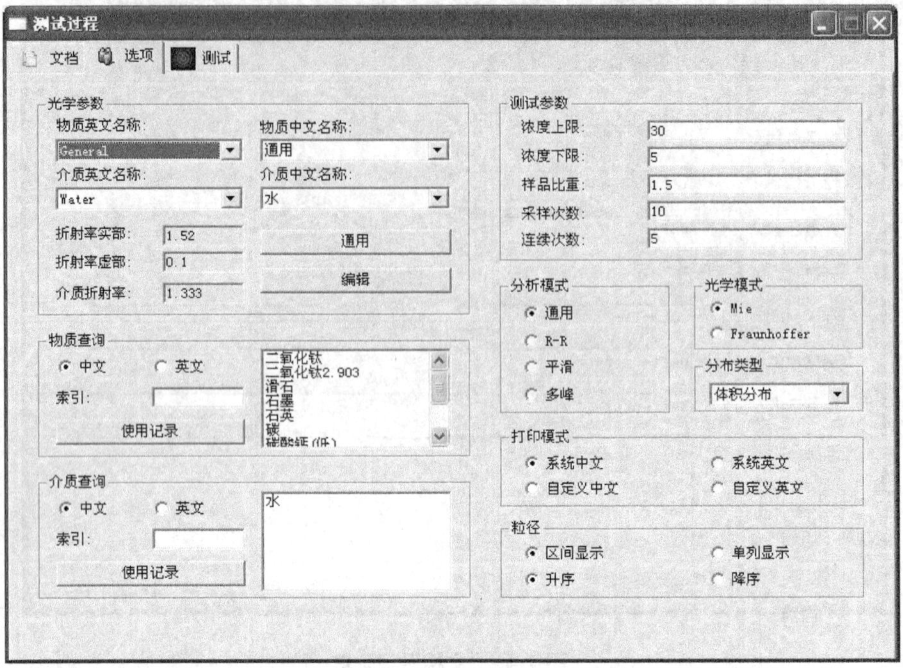

图 1-5 "选项"选项卡

⑤测试。点击"测试"选项卡,此时可以看到粒度分布的直方图,其左下角不断变化的是背景信号,如图 1-6 所示。为了简化操作,保证测试结果的准确性与可重复性,本实验主要选择自动测试功能。

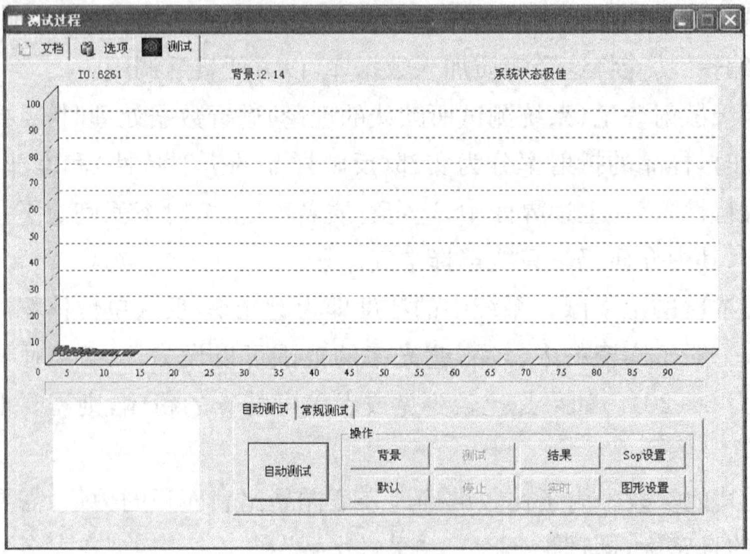

图 1-6 "测试"选项卡(湿法型)

在自动测试之前，还需明确自动测试的标准操作程序。点击如图 1-6 右下角所示的“Sop 设置”，在弹出的窗口中可以看到自动测试中的各项参数，包括背景、测试、分散、清洗、循环等内容，如图 1-7 所示。设置好这些项目以后，可以将这些项目保存到 SOP 列表中，方便调用。对于前文中所提到的具有一般性质的样品，在 SOP 列表中选择“General”即可。

点击“自动测试”按钮（图 1-6），系统即开始进行进水操作，然后将自动进行循环超声消除气泡、光路对中和背景测试等操作。如果完成这一系列操作步骤之后还未加入样品，系统会在测试窗口中提示“浓度太低，请加入样品”，此时即可以根据情况加入悬浮液或者直接加入样品粉末。

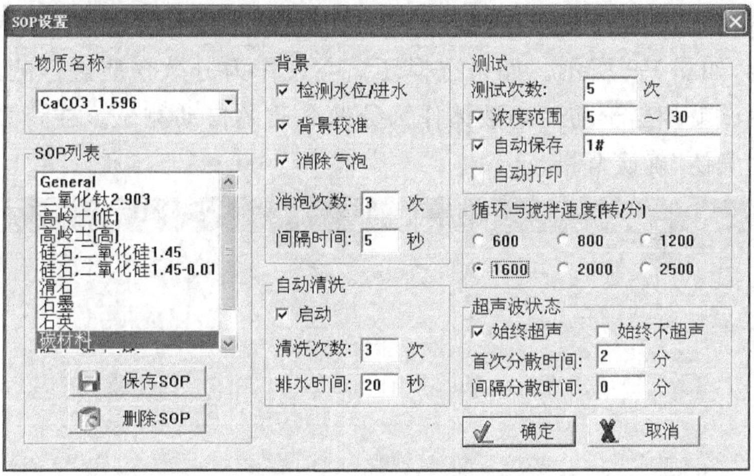

图 1-7　“SOP 设置”窗口（湿法型）

如果直接加入粉末，需要用金属药匙取少量粉末（到达液体池之前不要洒出粉末），在靠近液面的位置缓慢加入。每加入一定量的粉末，需要查看测试窗口上方的遮光率数值，确保该数值在前面设置的 5～30 范围内（一般在 15 左右即可）。加入悬浊液试样的方法与之类似。此时，可观察仪器的测试过程。随着测试进度条不断向前，系统会实时地显示出粒度分布的直方图，并按照 SOP 参数的设置来重复若干次测量，直至得出最终结果。

测试过程中会弹出如图 1-8 所示的“测试结果”窗口，并实时地显示出每次循环测量所得到的结果，而最后的总结果则是若干次测试结果的平均值，其测试记录会自动出现在相应的工程下面。

在测试完成之后，系统将自动排出混合了粉末的悬浮液（排水），同时完成若干次冲洗过程，然后重新加满水，为下一次测试做准备。因此，在后续过程中也要保证水源的供应。

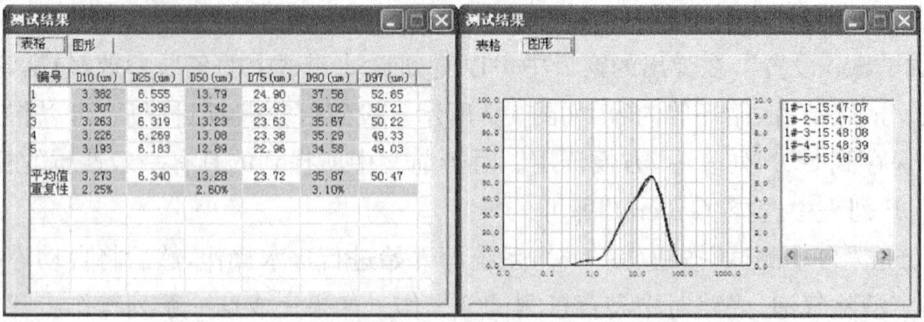

图 1-8 “测试结果”窗口

对于干法型设备而言，在前面操作的基础上点击“测试”选项卡，可以看到粒度分布的直方图，其左下角不断变化的是背景信号。其测试窗口界面与湿法型设备略有不同，如图 1-9 所示。如果选择压缩空气作为分散介质进行测试，那么相应的常规测试就相当于前面用液体作为分散介质的自动测试。在背景校准的前提下，点击“确认”确认背景。

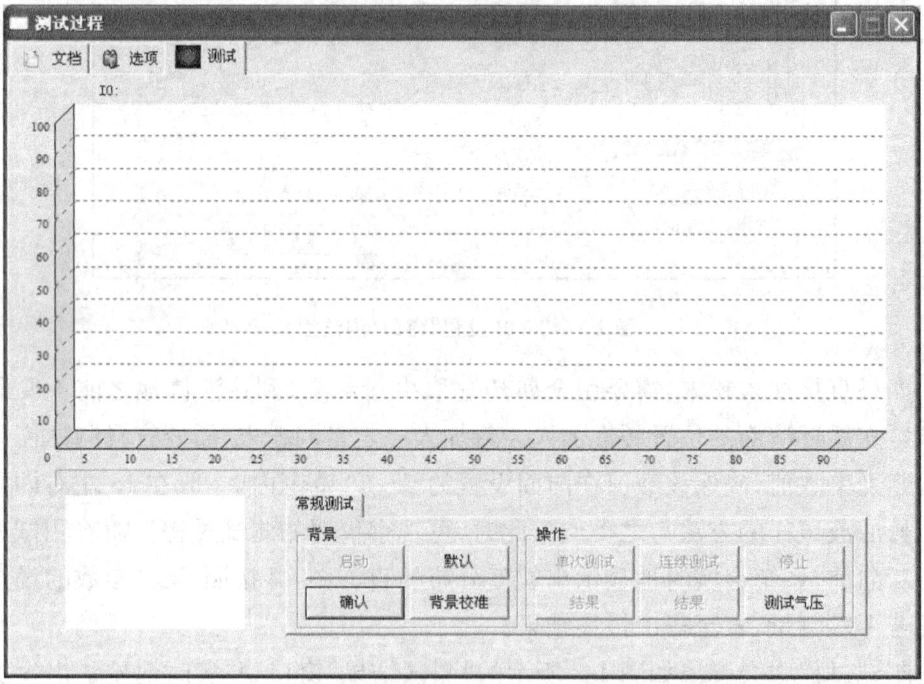

图 1-9 “测试”选项卡(干法型)

接下来，在下料槽中加入粉末样品(采用普通药匙时，约加入 2 匙)，通过仪器振动使粉末均化，便于进样。在软件主界面上点击“进样”图标开始进样，进样时落下的粉末可用勺子接住，重新放回下料槽中。重复上述操作一次，然后将粉末重新放回下料槽中。

为了缩短测试时间，应再点“进样”，待粉末下料端接近传送口即停止进样(用勺子接住掉下来的粉末，再放回下料槽中)，然后点击“连续测试”即可。若选择单次测试，则只测一次；若选择连续测试，则按照开始设定的重复次数测试，取其平均值。测试的进度、过程与前面类似，但是，某些版本的软件不能自动存储，需要手动选择工程文件夹存储当前测试记录，存储之后才能观察相应的记录页。

⑥导出数据。测试完成之后，在软件主界面的“记录页”选项卡中会出现测试结果记录数据选择条列表。依据生成时间找到测试所生成的数据项，单击使其蓝色高亮显示，即可在“结果页”选项卡查看本次测量的详细结果。如果需要将该结果导出，则可以在“结果页”选项卡中的结果位置点右键，选择“Excel”，将测试的详细结果(包括数据和图形)以 Excel 工作簿的形式保存。

⑦关机。对于湿法型设备而言，测试完成后会自动进水。利用这些水循环和超声一段时间，将样品池中黏附的粉末洗下来，并将水排干(注意：上述排水动作完成后软件的“排干”按钮还是按下的状态，需要再点击一次恢复原状)，然后关闭软件，最后依次关闭仪器主机和计算机。对于干法型设备而言，关机之前需要清除下料槽中剩余的粉末(注意：只能轻轻接触让粉末滑落，不能划伤表面，否则会影响后面的测试)，其关机顺序与开机的顺序相反。

1.1.3.5　实验结果与分析

本实验涉及多种粒度分析仪的使用和保养，操作比较复杂，细节比较多，且后期数据处理也比较麻烦。出于上述考虑，我们将实验报告要求操作并记录的内容分为必做和选做两部分。

必做内容：粉末粒度的测试。要求选定一种粒度分析仪，通过上机操作测定其粒度分布，导出并打印结果。实验报告中应有相应的分析报告，并简要说明所测试粉末的粒度分布特性。

选做内容：粒度分布曲线的数字化。将得到的分析报告中的粒度分布曲线图片数字化并用 Origin 软件作图(参见附录 3)。

1.1.3.6　思考题

①试分别论述实验中所涉及的两种不同的激光粒度分析仪的工作原理，说明两种仪器结构的不同之处。

②在对粉体材料进行粒度分析时，应做哪些准备工作？

1.2　粉体粒度与形貌的测定

粉体的外观面貌即为形貌(morphology)，例如微晶的形状及其粒度分布、含孔材料中孔的形状、大小及其分布等。人们可以借助显微镜来观察粉体的形貌与结构。

使用显微镜法可对单个颗粒进行观测，不仅能表征颗粒大小，还可以表征颗粒形状(球形、方形、条形、针形、不规则多边形等)、颗粒结构状况(实心、空心、疏松状、多孔状等)以及表面形貌等。它是一种最基本、最实用的测量方法，可用来校验其他测量方法。

正常情况下，人的眼睛能观察的最小的物体尺寸为 0.1～0.25 mm，光学显微镜则可以观察更小的物体。光学显微镜以波长为 390～760 mm 的可见光为光源，分辨力极限约为 0.2 μm。电子显微镜(简称"电镜")采用波长更短的光源，分辨力更高。电镜技术日益成熟，可用于直接观察物体的微观结构。

1.2.1 光学显微镜

1.2.1.1 实验目的

掌握制样及数据处理的方法，绘制粒度分布曲线。

1.2.1.2 实验原理

生物显微镜是一种透光式光学显微镜，常用于观测实验室中各种粉末材料。尽管光学显微镜法计量颗粒数目有限，粒度数据代表性差，但它是对单个颗粒进行测量的最便捷的粒度分析方法，还可用于直观研究颗粒外表形态，是粒度分析的基本方法之一。

测试时，首先将待测粉末样品分散在载玻片上，并将载玻片置于显微镜载物台上，选择适当的物镜、目镜放大倍数，并配合调节焦距，使颗粒的轮廓清晰。粒径的大小可用标定过的目镜测微尺度量。当样品粒度的范围过宽时，可变换镜头放大倍数；必要时，先进行筛分。观测若干视场，当计数颗粒足够多时，测量结果可反映粉末的粒度组成，用于计算粉末的平均粒度。

1.2.1.3 实验仪器与材料

目镜测微尺、标准测微尺和生物显微镜等。

分散介质：酒精和环乙醇等。

粉末试样：雾化粉和电解粉等。

1.2.1.4 实验步骤

(1)显微镜准备

将目镜测微尺放入所选用的目镜中，并将目镜和物镜安装在显微镜上，将标准测微尺(每小格 10 μm)置于载物台上，旋转升降螺钉(不得使物镜接触载玻片)调节焦距，标定目镜测微尺一格所代表的长度(u)。

(2)样品制备

如果粉末粒度范围过宽，通常需要对测试粉末进行筛分，以避免测试中经常更换物镜或目镜带来的不便，以及由视场范围的变化引起的测试误差。

由于粉末样品具有较大的表面积，因而有较高的表面能，粉末颗粒易产生聚集，形成团块，影响粉末粒度的测定。因此，制样过程中应使颗粒聚集体分散成单个颗粒。一般是将少量粉末样品（约 0.01 g）放置在干净的载玻片上，滴上数滴分散介质，用另一干净载玻片覆盖，然后进行对磨，观察分散情况，最后平行对拉，将两片载玻片分开，即得测试用样品。待样品中分散介质挥干，即可将其置于显微镜载物台上进行观测。

注意：分散介质应具有良好的润湿性且与所测粉末不起化学作用，应易挥发且挥发的蒸气对显微镜镜头无腐蚀性。对需长期保存的试样，可采用有机玻璃或纤维素溶液进行覆盖。覆盖膜干燥后，颗粒即被固定。

(3)实验观测

理想的试样片应便于观测计数，即一个视场内颗粒数不应过多，且各视场颗粒分布应尽量均匀。

实验采用垂直投影法，即所测颗粒在视场内沿同一个方向移动，按顺序无选择地逐个进行测量。当颗粒形状不规则时，测量这一方向上的最大尺寸，如图 1-10所示。使颗粒在视场中上下移动，且目镜测微尺处于水平位置。注意：不要对某一颗粒重复计数或漏掉某些颗粒。

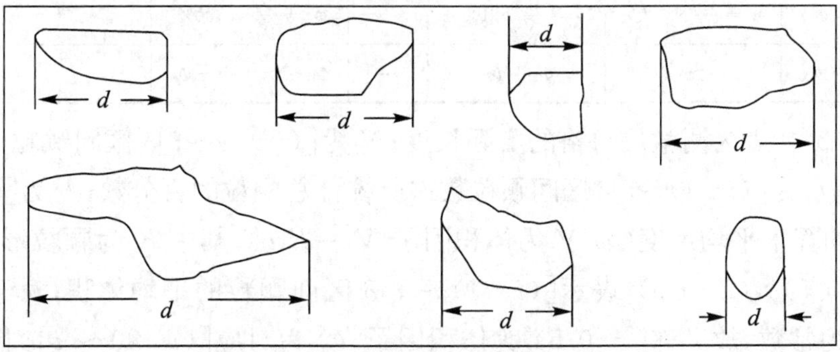

图 1-10　垂直投影法测量粒度

(4)实验记录

观测时，为方便记录，一般记录视场中粉末颗粒占据测微尺的格数，原始记录可依表 1-4 的形式进行记录。可采取写“正”字的方式进行计数，属于同一区间的颗粒数相加得 N_1、N_2……N_i，总颗粒数为 $\sum N_i$。为使颗粒计数结果具有一定的统计意义，对形状规则（如球形）的颗粒，一般计数 300 个左右；对非球形颗粒，则应计数多于 300 个，一般为 500～1000 个。

表 1-4 粒度测定原始记录表

格数	0～1	1～2	…	$(i-1)$～i	总计
颗粒数目	正	正 正丅	…		
小计	N_1	N_2	…	N_i	$N=\sum N_i$

1.2.1.5 实验结果与分析

①数据处理。结合表 1-4 中所得的原始数据，按表 1-5 进行计算。

表 1-5 粒度组成计算表

粉末粒度(u)	$(0\sim1)\delta$	$(1\sim2)\delta$	…	$[(i-1)\sim i]\delta$	总计
颗粒数量	N_1	N_2	…	N_i	$N=\sum N_i$
颗粒百分数(f_i)	$f_1=\frac{N_1}{N}\times100\%$	$f_2=\frac{N_2}{N}\times100\%$	…	$f_i=\frac{N_i}{N}\times100\%$	
平均粒度(d_i)	$d_1=\frac{(0+1)\delta}{2}$	$d_2=\frac{(1+2)\delta}{2}$	…	$d_i=\frac{(i-1+i)\delta}{2}$	$\overline{d}=\frac{\sum N_i d_i}{\sum N_i}=\sum f_i d_i$
累积颗粒百分数	f_1	f_1+f_2	…	$f_1+f_2+\cdots+f_i$	
体积因子(V_i)	$V_1=N_1\times0.5^3$	$V_2=N_2\times1.5^3$	…	$V_i=N_i\times(i-0.5)^3$	$V=\sum V_i=\sum N_i\times(i-0.5)^3$
体积百分数(Φ_i)	$\Phi_1=\frac{V_1}{V}\times100\%$	$\Phi_2=\frac{V_2}{V}\times100\%$	…	$\Phi_i=\frac{V_i}{V}\times100\%$	
累积体积百分数	Φ_1	$\Phi_1+\Phi_2$	…	$\Phi_1+\Phi_2+\cdots+\Phi_i$	

表 1-5 中：δ 为测微尺每格的实际长度；N_i 为$[(i-1)\sim i]\delta$ 区间颗粒个数($i=1,2,\cdots$)；f_i 为$[(i-1)\sim i]\delta$ 区间颗粒数占所统计总颗粒的百分数；d_i 为$[(i-1)\sim i]\delta$ 区间的算术平均尺度(u)；V_i 为体积因子，$V_i=Kd_i^3$，其中 K 为颗粒形态系数，$d_i=(i-0.5)\delta$，$(i-0.5)^3$ 表示$[(i-1)\sim i]\delta$ 区间颗粒的平均体积；对于同种粉末，K、δ 为常数，故又称$(i-0.5)^3$ 为体积因子；Φ_i 为对应$[(i-1)\sim i]\delta$ 区间的颗粒体积占总颗粒的百分数。

②作图。根据表 1-5 计算的粒度分布数据，绘制粒径(d_i)-颗粒百分数(f_i)曲线、粒径(d_i)-体积(Φ_i)曲线，如图 1-11 所示，也称为粒度分布曲线（频度分布曲线）；图中峰值对应的直径 A' 即为最多径。绘制粒径(d_i)-累积颗粒百分数(Σf_i)、粒径(d_i)-累积体积百分数($\Sigma\Phi_i$)曲线，如图 1-12 所示，也称为累积分布曲线；可做筛上累积（②）或筛下累积分布曲线（①），两条曲线交点所对应的直径即为中位径。

1.2.1.6 思考题

①光学显微镜法测粒度有何优缺点？

②光学显微镜法适合于研究何种粒度范围和形状的粉末？为什么？

③比较按颗粒百分数和体积百分数计算的粒度分布曲线，两者的峰值所对应

的粒度值有何不同？原因是什么？

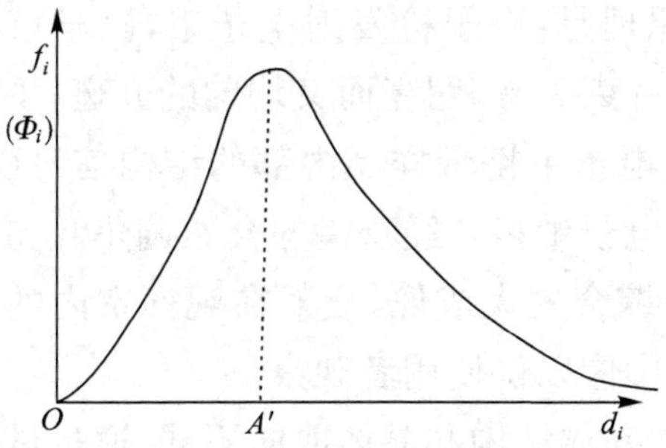

图 1-11　粒度分布曲线

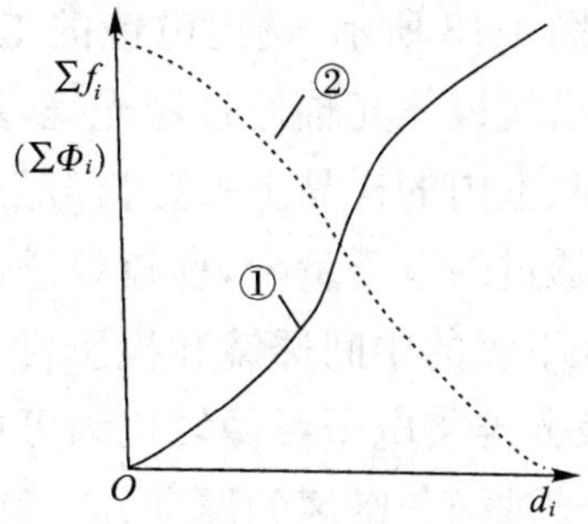

图 1-12　累积分布曲线

1.2.2　透射电子显微镜

1.2.2.1　实验目的

①了解透射电子显微镜的工作原理和结构。

②掌握透射电子显微镜试样的制备方法。

③熟悉透射电子显微镜的操作流程，掌握使用透射电子显微镜测试颗粒大小与形状的方法。

1.2.2.2　实验原理

透射电子显微镜(transmission electron microscope，TEM)简称“透射电镜”，是一种具有高分辨率、高放大倍数的电子光学仪器，被广泛用于材料科学研究领域。透射电镜以波长极短的电子束作为光源，成像方式与光学显微镜类似，只是以电子代替光子，以电磁透镜代替玻璃透镜，如图 1-13 所示。在材料研究领域，透射电镜主要用于大小、形貌观察以及缺陷分析和晶体结构测定。

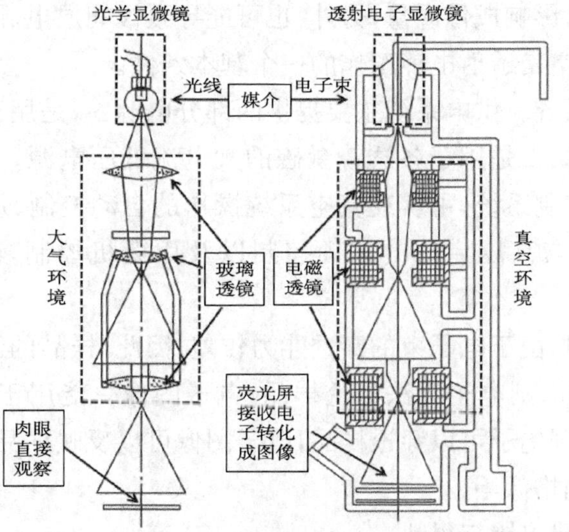

图 1-13　透射电子显微镜与光学显微镜结构对比

(1)透射电镜的成像原理

如图 1-13 所示,透射电镜的工作原理是:电子枪发射电子束,电子束在真空通道中沿着镜体光轴通过聚光镜,聚成一束尖细、明亮而又均匀的光斑,平行地照射在样品室内的样品上;透过样品后的电子束携带样品内部的结构信息(样品内致密处透过的电子量少,稀疏处透过的电子量多),经物镜的会聚调焦和初级放大后,进入下级的中间透镜和投影镜进行综合放大成像,投射在观察室内的荧光屏板上;荧光屏将电子影像转化为可见光影像以供使用者观察。

由于试样各微区的厚度、原子序数、晶体结构和晶体取向不同,通过试样和物镜的电子束强度有一定差异,因此,荧光屏上显现出的显微电子图像可反映试样的微区特征。电子图像的放大倍数 M 为物镜(M_o)、中间镜(M_r)和投影镜(M_p)的放大倍数的乘积,即 $M=M_o \times M_r \times M_p$。

(2)透射电镜的结构

透射电镜的基本结构包括电子光学系统、真空系统和供电控制系统三个部分。

①电子光学系统。电子光学系统又称为"镜筒",是电镜的基本组成部分,用于提供照明、成像、显像和记录。整个镜筒自上而下依次为电子枪、聚光镜、样品室、物镜、中间镜、投影镜、观察室、荧光屏及照相室等。通常又把电子光学系统分为照明、成像和观察记录三部分。

②真空系统。为保证电镜正常工作,要求电子光学系统处于真空状态下。电镜的真空度一般应保持在 10^{-5} Torr(1 Torr=133.322 Pa),需要机械泵和扩散泵两级串联。目前,先进的透射电镜增加了一个离子泵,可提高真空度,真空度可达 10^{-6} Pa 或者更高。若电镜的真空度达不到要求,则镜筒中的电子与空气分子碰撞,改变运动轨迹,影响成像质量;另外,也可能导致极间放电、阴极灯丝氧化烧损等问题。因此,真空是透射电镜工作的一个基本条件。

③供电控制系统。供电系统主要提供两部分电源:一是用于电子枪加速电子的小电流高压电源;二是用于各透镜激磁的大电流低压电源。目前,先进的透射电镜多采用自动控制系统,可实现真空系统操作的自动控制、从低真空到高真空的自动转换、真空与高压启闭的连锁控制以及用微机控制参数选择和镜筒合轴对中。

对于粉体材料,由于电子束的穿透能力较差,因此,样品的制备比较麻烦。若颗粒尺寸超过 1 μm,则电子无法穿透样品,电子图像只能用于观察样品的轮廓。若粉体颗粒较小,则电子可以穿透样品,电子图像可以反映样品的更多信息,如大小、形貌、缺陷和晶格像等。

1.2.2.3 实验仪器与材料

JEM-2100F 型场发射透射电镜(图 1-14)、超声仪和红外烘烤灯等。

粉体样品、无水乙醇和丙酮等。

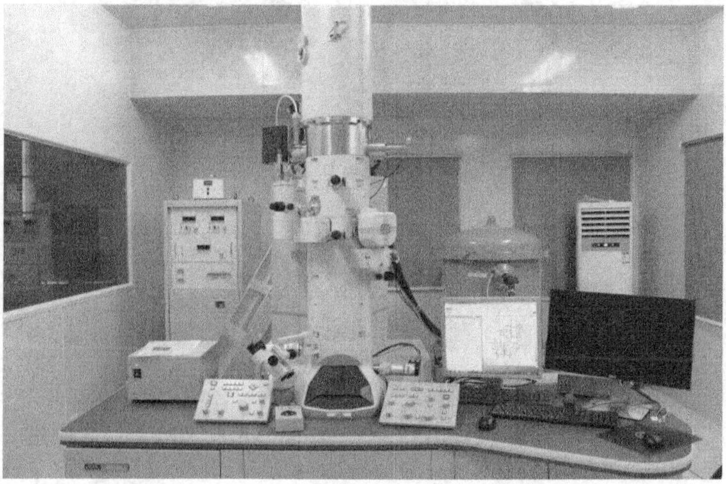

图 1-14　JEM-2100F 型场发射透射电镜

1.2.2.4　实验步骤

(1)试样的制备

常见透射电镜试样的制备方法有支持膜法、复型法、薄膜制备法和超薄切片法等。本实验中的粉末样品使用的是支持膜法。支持膜和粉末样品如图 1-15 所示。支持膜上的粉末样品要求高度分散,可根据不同情况选用分散方法。

a. 包藏法:将适量微粒试样加入制造支持膜的有机溶液中,使之分散,然后制成支持膜。

b. 撒布法:干燥分散的微粒试样可以直接撒在支持膜表面,然后用手轻轻叩击,或用超声仪进行处理,去掉多余的微粒即可。

c. 悬浮法:以蒸馏水或有机溶剂作为悬浮剂,将样品制成悬浮液,滴在支持膜上,干后即成。注意:不能使用对试样或支持膜有溶解性的溶剂。

本实验采用悬浮法。取适量的粉末和乙醇,置于小烧杯中,超声分散 10 min,用移液枪吸取粉末和乙醇的悬浮液,然后向支持膜上滴 2～3 滴。注意:粉末悬浮液的浓度要适当。悬浮液太浓,则粉末分散不开,不利于观察,同时粉末掉入电镜的概率增大,严重影响电镜的使用寿命;悬浮液太稀,则对电镜观察不利,难以找到实验所要求的粉末颗粒。打开红外烘烤灯,烘烤 10～15 min。如果样品对温度比较敏感,可以常温自然挥干或者冷冻干燥。待乙醇挥发完即可安装样品。

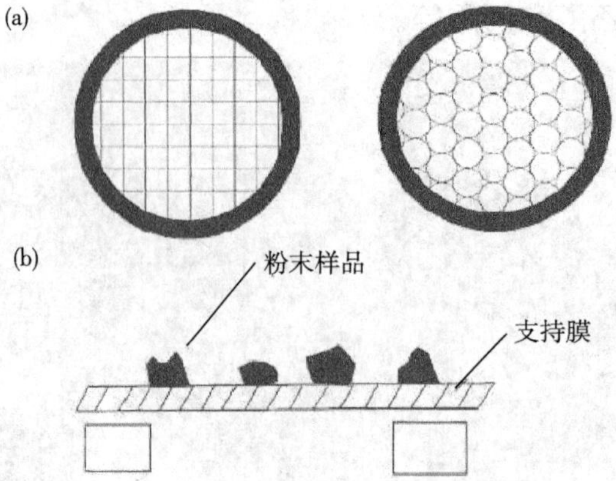

图 1-15　支持膜(a)和粉末样品分散示意图(b)

(2)开机

①连接主副系统。若连接中断,可重启(操作面板左侧有重启开关)。

②加液氮。在冷阱中加入液氮,第一次加满后盖上盖子,5 min 后液氮会喷出,再加一次(加满)。在一天的工作中,每隔 4 h 要加一次(早上 9 点左右加满,晚上 4 点多关,中间可以不用再加液氮)。

③放样品。样品杆中放入待观察样品(单倾杆是铜网正面向上,双倾杆是铜网反面向上)。在软件上选择合适的样品杆名称,放样品杆可与升高压过程同时进行。

④开"BEAM VALVE switch",电脑屏幕上显示"HT ON",按下左控制面板的"BEAM",开始观察。

(3)插拔样品杆

①插入样品杆:插入样品杆至推不动,阀门响一声,将抽气开关向上拉出并拨动,此时黄灯亮,听到"咕噜"声后再放开手,绿灯亮后再等待 3～5 min(即 PIG4 降至 40 μA 以下),然后将样品杆顺时针转动,缓缓推进,再顺时针转动(比第一次转动角度大),样品杆便会被吸入。待 SIP(容量最大的那个离子泵)气压表读数小于 4×10^{-5} Pa 时(已稳定),点击"BEAM"即可观察样品。

②拔出样品杆。先复位,即双击"Neutralize"。拔出样品杆至拔不动,逆时针转动样品杆至转不动,再微拔(不可转动),逆时针转动样品杆至转不动(不可拔动),放下放气开关,手握样品杆,待 PIG4 值达 220 μA,拔出。

(4)合轴

①加聚光镜光阑。40K(此处 K 为放大倍数,表示 1000 倍)下,按"Brightness"使光斑汇聚至最小,再用 SHIFT X/Y 将光斑移至荧光屏中心;把光斑顺时针散开至略小于满屏,调整聚光镜光阑(前方和右侧边各有一个旋钮,配自动马达的按 4 个方向),使光斑和大荧光屏同心,即为同心收缩。

注意：TEM 拍照一般是加 1 号聚光镜光阑，CBD 模式一般为 3 号，NBD 模式一般为 4 号；配合调节聚光镜光阑和 SHIFT X/Y，最后调至光斑同心收缩即可。聚光镜光阑调节的是光斑本质，SHIFT X/Y 只是用来移动光斑。

②枪对中（调节枪的倾转）。倍数 40K，Gun tilt（仪器默认 Gun tilt 与 F4 功能一样，即设定 GUN 平移与偏转）。点“Brightness”调节光斑直径为 5～10 cm，点“Beam Shift”移束斑至中心，按 F3（只是用来观察）和 F4（调节时必须点 F4）后，再调“DEF/STIG X”和“DEF/STIG Y”，使光斑同心收缩。

③光斑 1—5 合轴（调节枪的平移）。40K 下（倍数略大也可以，Alpha 一般为 3），SPOT SIZE 转至 5 时，点“Brightness”调节光斑直径为 1～2 cm，再按“Bright tilt”（也可不按），调“SHIFT X/Y”旋钮，使光斑位于荧光屏中心；SPOT SIZE 再转至 1 时，按 F4（GUNA），调“SHIFT X/Y”旋钮，使光斑位于荧光屏中心；反复调整，直至光斑从 1 号切换到 5 号时基本都在荧光屏中心。一般使用 Spot 1，Alpha 3。

④聚光镜消像散。40K 下，按“COND STIG”键，调“DEF X/Y”旋钮，使光斑（顺时针散开，直径 5 cm 左右）呈对称的形状（A2 值不同，形状可能不同，但在 40K 左右时光斑应该是圆形），100K～200K 时也经常消聚光镜像散。若光斑不在荧光屏中心，可随时调“SHIFT X/Y”旋钮，使其回到荧光屏中心。

注意：聚光镜像散应尽量在高倍下调节（高倍下光斑可能不是圆形的，只需要把光斑调对称即可）。一般情况下，最后在哪个倍数下拍照，就在哪个倍数下调节聚光镜像散。

⑤联动比调节。若做以上调节后光斑总是抖动，则需要点一下“STD FOCUS Tilt”联动比调节，使光斑聚成一点；依次点击“Maintance”“Alignment”，然后点“Tilt X”（此时只能看）和“Tilt”（点了此按钮才可以调节），调节“DEF/STIG X”，使光斑不抖动（原地轻微抖动可以，但不能移动抖动）。“Tilt Y”与“Tilt X”的调节过程一样。“Tilt X”与“Tilt Y”不可同时点。

a. Shift 联动比调节。顺时针调节“Brightness”至报警响，点“SA DIFF”，调节“DIFF FOCUS”至出现一亮光点（外围的大光斑即背景，可以不管）；依次点击“Maintance”“Alignment”，然后点“Shift X”（此时只能看）和“Shift”（点了此按钮才可以调节），调“DEF/STIG X”，使上述亮点不抖动。“Shift Y”调节同“Shift X”。调好后只有点“MAG 1”才可关掉“SA DIFF”。

b. Angle 联动比调节。光斑聚成一点；依次点击“Maintance”“Alignment”，然后点“Tilt X”（此时只能看）和“Angle”（点了此按钮才可以调节），调节“DEF/STIG X”，使光斑在原位置轻微抖动即可，切记不可旋转抖动。“Tilt Y”与“Tilt X”的调节过程一样。

(5)样品测试

插入样品杆,检查真空状态,打开“BEAM”;在“LOW MAG”模式下找铜网上的完好碳膜;进入“MAG”模式,放在几万倍下,按 Z 聚焦。

对于非晶体样品,找到符合要求的样品就可以拍照了(若要求不高,可不动聚焦)。实际操作时,主要是在找符合要求的样品,找到后就可以关 BEAM、拔样品杆了。如果是晶体样品,也可以先拍个几万倍的照片。如果是很小的晶体,可以先拍个多晶衍射环,然后直接调 500K[一般晶格像 500K 左右,CCD(采集信号的相机)放的位置不同,放大倍数也不同]做一下 HT Wobbler,抬荧光屏,在 CCD 上消物镜像散,找到晶格条纹比较清晰的小颗粒(此时晶体比较正),就可以拍。如果是较大的晶体,可以先做一下 HT Wobbler,然后踩正衍射(如果想拍高分辨的照片,就算不要拍选区衍射,也要踩正),拍个选区衍射,然后直接调 500K,再做一下 HT Wobbler,抬荧光屏,在 CCD 上消物镜像散,找边缘薄区,晶格条纹聚焦清晰即可拍照。

(6)关机

若加液氮后要拔出样品杆,应将电压从 200 kV 降至 160 kV,向液氮罐内插入加热棒,在“Maintenance”菜单下启动“ACD Heater”,烤干液氮,防止液氮自然挥发后冷阱温度升高放出大量气体,造成 SIP 负担过重而保护性停止工作,使真空系统工作异常。注意:离子泵有 3 个,容量分别为 20 L、60 L 和 150 L。

1.2.2.5 实验结果与分析

①在低倍 TEM 照片中统计颗粒粒径并绘制粒度分布直方图。

②在高倍 TEM 照片中分析颗粒形貌特征并进行描述。

③在高倍 TEM 照片中分析晶面间距大小并判定其晶面指数。

1.2.2.6 思考题

①什么方法可以消除电子显微镜中的球面误差?

②透射电镜测试过程中欠焦和过焦的原因是什么?

1.2.3 扫描电子显微镜

1.2.3.1 实验目的

①了解扫描电子显微电镜的工作原理和结构。

②掌握扫描电子显微镜试样的制备方法。

③熟悉扫描电子显微镜的操作流程,掌握使用扫描电子显微镜测试颗粒大小与形状的方法。

1.2.3.2 实验原理

扫描电子显微镜(scanning electron microscope,SEM)简称“扫描电镜”,其结

构示意图如图 1-16 所示。扫描电镜是在加速高压作用下将电子枪发射的电子经过多级电磁透镜汇集成细小的电子束，对试样表面进行扫描，激发出各种信号，通过对这些信号的接收、放大和显示成像，对试样表面进行分析。扫描电镜所需的加速电压比透射电镜要低得多，一般为 1～30 kV，实验时可根据被分析样品的性质进行选择，最常用的加速电压约为 20 kV。扫描电镜的图像放大倍数在一定范围内（几十倍到几十万倍）可以实现连续调整，放大倍数等于荧光屏上显示的图像横向长度与电子束在样品上横向扫描的实际长度之比。

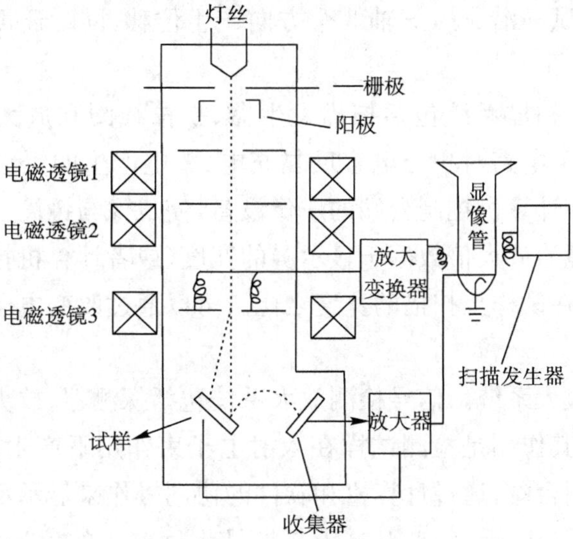

图 1-16　扫描电镜结构示意图

(1)扫描电镜的成像原理

扫描电镜的成像原理不同于光学显微镜和透射电镜，因为它没有成像透镜。扫描电镜成像类似于电视摄影显像，用细聚焦的电子束在样品表面扫描，激发产生某些特定的物理信号并调制成像。在扫描电镜中，从电子枪射出的电子束经三级聚光镜聚焦成直径约为 20 μm 的电子束；在扫描线圈的作用下，电子束在试样表面按照特定的算法作行扫描和帧扫描，激发各种物理信号的产生。这些信号的强度取决于试样表面的形貌和成分特征。探测器接收这些物理信号，经放大器放大，送至计算机控制台端，通过控制台的协同作用，显示出反映试样表面特征的扫描电子图像。由于计算机控制台端的成像和镜筒中电子束的扫描是同步进行的，图像的亮度也是由试样激发出的电子信号强度来调制的，因此，来自试样表面某一点的信号强度与计算机显示屏上相应点的亮度也是一一对应的。试样表面状态不同，则图像上相应处的亮度也必然不同。

(2)扫描电镜的结构

扫描电镜的基本结构包括电子光学系统、扫描系统、信号检测放大系统、图像显示和记录系统、真空系统和电源及控制系统六个部分。

①电子光学系统。电子光学系统包括电子枪、电对中线圈、三级聚光镜、消像散器和样品室等部件。扫描电镜的电子光学系统与透射电镜不同，其作用是将来自电子枪的电子束聚焦成亮度高、直径细的入射束来照射样品，产生各种物理信号，而入射电子束本身则不起成像作用。扫描电镜最常使用二次电子信号和背散射电子信号，前者用于显示表面形貌衬度，后者用于显示原子序数衬度。样品室可以放置不同用途的样品台，如拉伸台、加热台和冷却台等。实验时，将试样放在样品台上，可以使试样沿 x、y、z 轴 3 个方向产生位移，同时还可以使试样绕轴倾斜和旋转。

②扫描系统。扫描系统包括扫描发生器、扫描线圈和放大倍率选择器等部件，其作用是将开关电路对积分电容反复充电、放电产生的锯齿波同步地送入镜筒中的扫描线圈和计算机控制台端的成像设备，使成像与镜筒中的电子束扫描同步进行。扫描电镜的放大倍数等于显示屏的宽度（或者计算机控制台端设定的图像宽度）与电子束在试样上扫描的宽度之比。可以通过改变电子束偏转角度来调节放大倍率。

③信号检测放大系统。信号检测放大系统包括探测器、放大器和计算机同步接口设备等部件，其作用是检测试样在入射电子束作用下产生的物理信号，并将其输入计算机控制台端，通过计算机和软件的协同操作来显示反映试样表面特征的电子图像。如图1-17所示，入射电子与样品作用产生的信号有很多种，不同的物理信号要使用不同的探测器。通常用电子探测器（闪烁计数器）探测二次电子、背散射电子和透射电子。X 射线探测器和阴极荧光探测器等可用于探测其他类型的信号。这些信号探测设备都通过特定的接口部件与计算机控制台相连，可将信号发往计算机，用以同步显示图像。

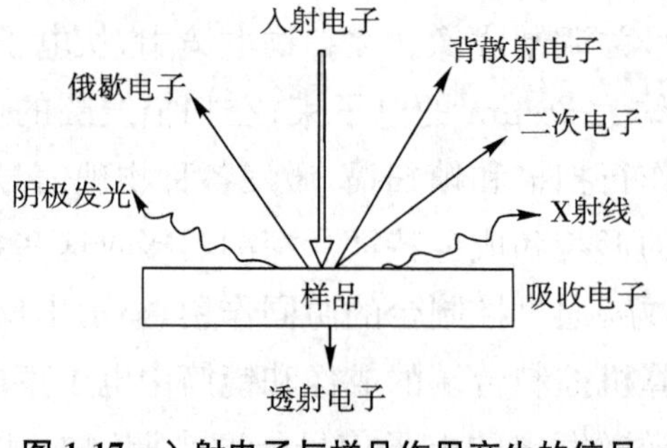

图 1-17　入射电子与样品作用产生的信号

1.2.3.3　实验仪器与材料

EVO 18 分析型扫描电镜（图 1-18）和导电碳胶带（或导电铜胶带）等。

粉体样品等。

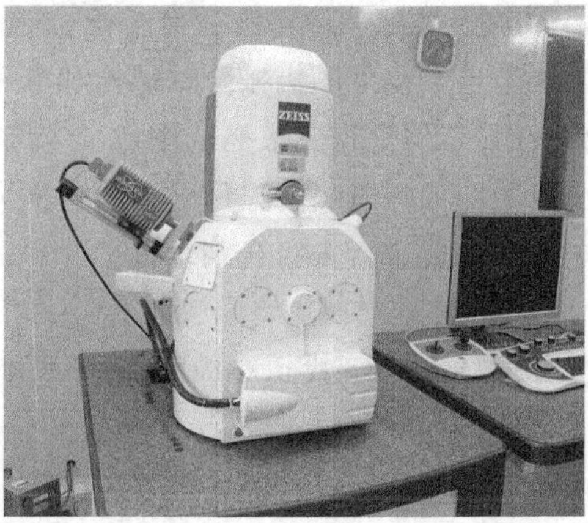

图 1-18　EVO 18 分析型扫描电镜

1.2.3.4　实验步骤

(1)试样的制备

扫描电镜的试样必须干燥，不含水分或挥发性物质；具有一定的机械强度，能耐受电子束轰击；具有导电性，被激发时能够产生足量的二次电子；在真空条件下能保持长时间稳定。

和透射电镜相比，扫描电镜试样的制备比较简单，包括样品收集、固定和定位等环节。其中，粉末的固定是关键，通常用表面吸附法、火棉胶法、银浆法、胶带法和过滤法等，最常用的是胶带法。本实验采用导电碳胶带法，具体操作如下：

首先，在载物盘上粘双面胶带，取少量粉末试样，置于胶带靠近载物盘圆心的部位，用洗耳球沿载物盘径向朝外轻吹；或者用牙签挑取少量样品轻轻涂抹在胶带表面，使粉末均匀分布在胶带上，把黏结不牢的粉末吹走(以免污染镜体)。然后，在胶带边缘涂上导电银浆，以连接样品与载物盘，等银浆干了之后就可以进行最后的喷金处理。

(2)开机

按照仪器要求的顺序依次接通总电源、不间断电源(uninterruptible power supply, UPS)和仪器各个部分的电源；长按主机上的“standby”键(橙色键)3 s，等待 1 min 后长按“ON”键 3 s；打开电脑上软件，登录系统，点击“vent”键进气；待样品室压强与大气压强相同(约需 15 min，这期间可以在样品台上制备待测试样)，打开舱门，将样品台装进样品室，点击软件上的“vacu”键抽真空；待真空度降到 1.3×10^{-3} Pa(约需 15 min)，可开启电子枪。

(3)合轴

慢速调节控制灯丝电流的旋钮，使灯丝电流缓慢加大，以确定灯丝电流的饱和点。调节好电流后，从灯丝发射出的电子束通过阳极进入电磁透镜系统，经过聚光镜和光阑照射到样品上。只有当电子束和电子光学轴同轴，才能获得最大的照明亮度。这就是所谓的电子束对中。它包括电子枪合轴和末级光阑合轴两个方面。电子枪合轴是指调节电子枪上的机械合轴螺栓和电磁对中线圈的电流，使电子束和电子光路同轴，在显示屏上得到最亮的图像。末级光阑合轴是指调节光盖螺栓，微调光阑的位置，使图像在过焦和欠焦时不发生横向漂移。注意：改变末级光阑孔径和聚光镜电流时都要进行末级光阑合轴。

(4)测样

测样时，先在低倍(40～100 倍)下找到对应样品的导电胶带，然后逐步放大，通过聚焦调整画面的清晰度，利用“center”键移动样品的区域；待样品的区域、倍数和清晰度都达到要求，点击电极“freeze”键冻结屏幕画面，然后点击鼠标右键保存图片即可。图片格式一般为 TIFF 格式。

(5)关机

待仪器使用完毕，先关闭电子枪，点击“shut down”；待电子枪关闭，点击“vent”键，样品室打开后取出样品台，再点击“vacu”抽真空，达到规定的真空度后关闭软件；关闭电脑；长按主机“standby”键 3 s，长按“OFF”键 3 s，关闭 UPS 和总电源。

1.2.3.5 实验结果与分析

①在低倍 SEM 照片中统计颗粒尺寸并绘制粒径分布直方图，分析分散性。

②在高倍 SEM 照片中分析颗粒表面形貌特征并进行描述。

1.2.3.6 思考题

扫描电镜和透射电镜哪个景深更大？为什么？

1.3 粉体比表面积的测定

BET 法即 BET 比表面积检测法，广泛应用于颗粒表面吸附性能研究及相关检测仪器的数据处理。BET 是 3 位科学家——Brunauer、Emmett 和 Teller 的首字母缩写。这 3 位科学家从经典统计理论推导出的多分子层吸附公式，即著名的 BET 方程，是颗粒表面吸附科学的理论基础。比表面积亦称比表面，是指每克物质中所有颗粒总表面积之和，其单位是 m^2/g。比表面积是衡量物质特性的重要参量，可由专门的仪器来检测。通常情况下，此类仪器需依据多分子层吸附理论(BET 理论)来进行数据处理。

1.3.1 实验目的

①掌握比表面测定仪的基本构造及原理。

②掌握比表面测定仪的具体操作及注意事项。

③通过实验了解 BET 理论在比表面测定中的应用。

1.3.2　实验原理

1916 年，朗缪尔(Langmuir)提出了单分子层吸附理论，其原理为：若气体在 1 g物质的内、外表面形成完整的单分子吸附层且达饱和，将该饱和吸附量乘以每个吸附质分子在物质表面占据的面积，即可求得测量物质的比表面积。1938 年，Brunauer、Emmett 和 Teller 将 Langmuir 吸附理论推广延伸至多分子层吸附的情况，推出了著名的多分子层吸附理论。BET 法测比表面是以氮气为吸附质，以氦气或氢气为载气，两种气体按一定比例混合，达到指定的相对压力后均匀通过被测物质。

将样品管放入液氮氛围中，待测样品即对氮气自发产生物理吸附(载气不被吸附)，出现明显吸附峰；取出样品管，温度升至室温，吸附的氮气即脱附出来，出现脱附峰。注入已知体积的纯氮，可得到校正峰。根据校正峰和脱附峰的峰面积，即可算出该相对压力下样品的吸附量。改变氮气和载气的混合比，可以测出该相对压力下的吸附量，从而可根据 BET 公式[式(1－3)]计算比表面。

$$\frac{p}{V(p_0-p)}=\frac{1}{V_mC}+\frac{C-1}{V_mC}\times\frac{p}{p_0} \tag{1-3}$$

式中：p 为平衡分压(Pa)；V 为平衡时的吸附量(mL)；p_0 为吸附平衡温度下吸附质的饱和蒸气压(Pa)；V_m 为饱和吸附量(mL)；C 为与吸附有关的常数，与温度、吸附热和气体液化热相关。

根据上述公式，以 $\frac{p}{V(p_0-p)}$ 对 $\frac{p}{p_0}$ 作图可得一条直线，其斜率 $m=\frac{C-1}{V_mC}$，截距 $l=\frac{1}{V_mC}$。

$$V_m=\frac{1}{m+l} \tag{1-4}$$

粉末的比表面积为：

$$S_g=\frac{V_m N_A A_m}{2240m}\times 10^{-18} \tag{1-5}$$

式(1－5)中：S_g 为被测样品的比表面(m^2/g)；N_A 为阿伏伽德罗常数；A_m 为每个吸附质分子的截面积(nm^2)；m 为被测样品质量(g)。

BET 公式的适用范围为 $0.05<p/p_0<0.35$。因为 $p/p_0<0.05$ 时，很难构建多分子层吸附平衡；而 $p/p_0>0.35$ 时，吸附平衡将因显著的毛细管凝聚现象而被破坏。

1.3.3　实验仪器与材料

ASAP 2020 HD88 型比表面和孔径测定仪、分析天平和样品管等。

氦气、液氮和已制备的二氧化钛纳米颗粒等。

1.3.4 实验步骤

(1)样品处理

①样品管称量。装样前首先称量样品管质量,注意检查样品管是否干净、干燥,有无损坏。

②装样品。用长的装样管将样品装入管底部的粗管中,防止将样品黏着在样品管两端细管的管壁上,影响吸附效果。称量样品的质量根据其实际比表面积确定,比表面积大的可少称,比表面积小的可尽量多称,但样品的体积不能超过样品管容积的 2/3。

③样品烘干。

温度要求:一般样品的最低烘干温度为 105 ℃,可根据样品的耐热性确定,测比表面积一般在 150 ℃左右。

真空度要求:测比表面积一般不用抽真空(样品为多孔材料时,建议抽真空);测量孔径分布时,需抽真空。样品处理时,不能用鼓风干燥箱鼓风。

处理时间要求: 根据实际情况调节。

④样品称量。样品烘干后从烘箱中取出,迅速移入干燥器中,冷却至常温,然后再称量样品和管的总质量,最后计算出样品的实际质量。

(2)测试前准备

①安装样品管。将处理好的样品装入测试仪器。注意:样品管接头是金属材质,操作时要当心,不要将管子磕破。

②通气。主机通电前应先通气,将两路气体压力分别调节为 0.16 MPa,通气时间至少 5 min。仪器长期不用时,可适当延长通气时间,以免损坏热导池。

③热导池预热。通气一段时间后,再调节气压值至 0.16 MPa,热导池通电预热30 min左右。

(3)实验参数设置

热导池预热过程中可以进行实验参数设置。通常情况下,BET 测试在 0.05～0.35(p/p_0值)之间选 3～5 个点。若选 1 个点或 2 个点,得出的结果只是单点 BET 结果。注意:多点 BET 测试至少选 3 个点,单点 BET 测试只需选 1 个点(0.20 或 0.25);软件中的样品名称和质量设置要与测试管路中被测样品一一对应;不测的管路必须装一个空样品管,参数设置中对应这一管路的样品质量设为“0”。

(4)样品测试

观察气压表是否显示为 0.16 MPa,试验设置是否准确无误。观察无误后,点击“开始测试”,系统自动进行一次复位操作,检查一切是否正常,然后提示是否进行实验，点“是”，则自动调节流量开始测试。

测试过程中，软件设置内容无法改动，设置图标显灰色。如果中间要停止实验，先点击“结束实验”，待程序结束后设置图标变亮，再关闭软件窗口。程序未结束时不可强制关闭窗口，以免丢失数据。

注意：整个测试过程中不可调节气压（即使有轻微的波动），不可强制关闭程序。实验结束后，先关闭主机电源，过几分钟再关闭气源。

1.3.5 实验结果与分析

实验结束后，系统会给出一个 TXT 格式文件（如图 1-19、1-20 所示）。文件中会给出测量样品的吸（脱）附等温线和吸（脱）附孔体积分布的详细数据，只需要将数据导入 Origin 即可作图，如图 1-21 所示。图中，实心球标记曲线为吸附曲线，空心球标记曲线为脱附曲线，内嵌图为孔径分布图。

序　　号:1　　　　　吸 附 质:N2
名　　称:1　　　　　分子重量:28.0134 [g/mol]
重　　量:0.096 g　　分子面积:16.2 [A2]
测 定 人:　　　　　总孔容积:0.467403 [cc/g]
测定单位:　　　　　平均孔半径:97.3 [A]
样品来源:　　　　　BET比表面积:96.084 [m2/g]

吸附等温线		BJH吸附孔体积分布	
P/Po	体积[cc/g]	孔半径[A]	体积[cc/gA]
0.006579	17.322	5.3	0.00000
0.041085	20.758	6.7	0.00000
0.079896	22.231	7.8	0.00000
0.118980	23.490	8.8	0.00000
0.157859	24.853	9.7	0.00003
0.196396	26.354	10.7	0.00217
0.234416	28.193	11.7	0.00357
0.271880	30.289	12.7	0.00414
0.309002	32.531	13.7	0.00430
0.345870	34.872	14.9	0.00362
0.382836	37.130	16.2	0.00273
0.420212	39.246	17.6	0.00242
0.457587	41.389	19.1	0.00200
0.494973	43.510	20.9	0.00172
0.532251	45.672	22.9	0.00170
0.568983	48.015	25.2	0.00176
0.605255	50.648	27.9	0.00168
0.640962	53.521	31.0	0.00162
0.676005	56.713	34.6	0.00157
0.709418	60.227	38.6	0.00148
0.738858	63.761	43.0	0.00136
0.765232	67.328	47.8	0.00134
0.789079	71.130	53.2	0.00123
0.810564	74.997	59.1	0.00116
0.830350	79.114	65.9	0.00116
0.848154	83.614	73.2	0.00111
0.863684	88.232	81.2	0.00103
0.877614	92.989	89.8	0.00099
0.889366	97.718	98.7	0.00097
0.899557	102.544	107.9	0.00094
0.908147	107.283	117.2	0.00091
0.915516	111.956	126.7	0.00084
0.921881	116.330	136.0	0.00083
0.927230	120.573	145.9	0.00080
0.932521	125.243	157.8	0.00074
0.938172	130.686	172.5	0.00066
0.943902	136.665	189.2	0.00068
0.949046	143.359	207.6	0.00065
0.953741	150.426	228.3	0.00059
0.958154	157.864	251.1	0.00057

图 1-19 吸附等温线及吸附孔体积分布数据

脱附等温线		BJH脱附孔体积分布	
P/Po	体积[cc/g]	孔半径[A]	体积[cc/gA]
0.981024	284.081		
0.975294	266.381	457.2	0.00025
0.970384	248.351	366.5	0.00048
0.965133	230.504	309.9	0.00063
0.959130	213.029	265.1	0.00076
0.952580	195.630	228.5	0.00095
0.945191	178.837	198.4	0.00110
0.936142	162.847	172.0	0.00116
0.924926	147.785	148.0	0.00121
0.911309	134.112	126.4	0.00126
0.894891	121.803	107.6	0.00131
0.875134	111.045	91.3	0.00133
0.852195	101.984	77.5	0.00133
0.826640	94.123	66.1	0.00141
0.798889	87.531	56.9	0.00144
0.769322	81.816	49.4	0.00151
0.738448	76.786	43.4	0.00162
0.706499	72.255	38.4	0.00176
0.673682	68.215	34.3	0.00186
0.639957	64.556	30.8	0.00195
0.605597	61.243	27.8	0.00202
0.570857	58.172	25.3	0.00216
0.535580	55.332	23.1	0.00223
0.500254	52.531	21.1	0.00263
0.471468	46.487	19.6	0.01278
0.439578	41.944	18.2	0.00847
0.403325	39.526	16.9	0.00216
0.367091	37.121	15.6	0.00250
0.331160	34.671	14.4	0.00307
0.295317	32.218	13.3	0.00342
0.259093	29.901	12.3	0.00295
0.222576	27.785	11.3	0.00199
0.185249	25.920	10.4	0.00035

图 1-20　脱附等温线及脱附孔体积分布数据

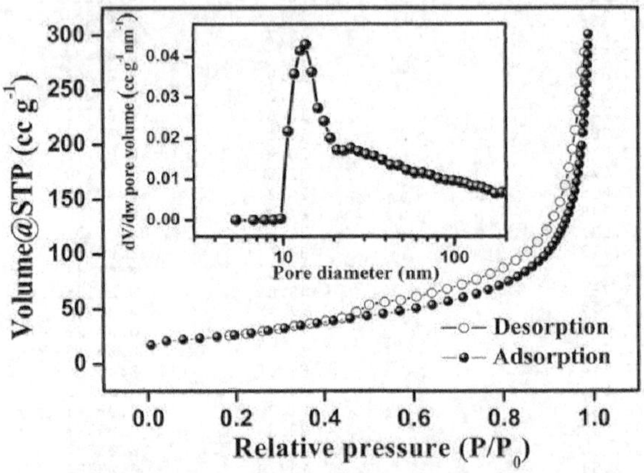

图 1-21　比表面吸脱附曲线及孔径分布图(内嵌)

IUPAC 将吸附等温线划分为 6 种类型，如图 1-22 所示。

Ⅰ型等温线：在较低的相对压力下，吸附量迅速上升；达到一定的相对压力后，吸附出现饱和值；与 Langmuir 型吸附等温线类似。只有在非孔性或者大孔吸附剂上，该饱和值才可以看作单分子层饱和吸附量，但这种情况很少见。大多数情况下，Ⅰ型等温线反映的是微孔吸附剂（分子筛、微孔活性炭）上的微孔填充现象，饱和吸附值等于微孔的填充体积。可逆化学吸附也是这种吸附等温线。

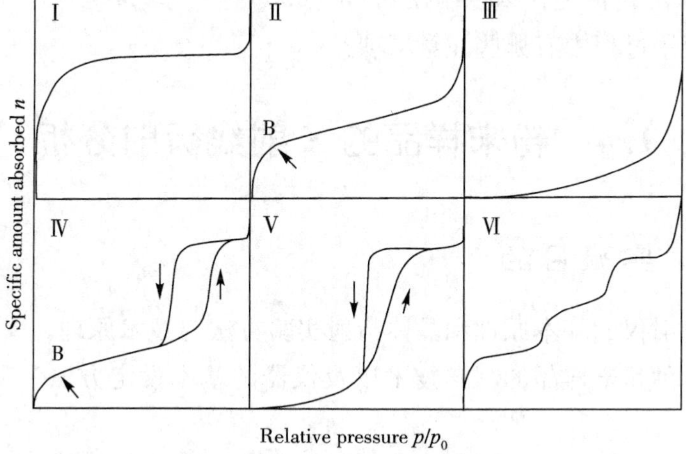

图 1-22　六种吸附等温线

Ⅱ型等温线：反映非孔性或者大孔吸附剂上典型的物理吸附过程，是 BET 公式最常说明的对象。由于吸附质与吸附剂表面存在较强的相互作用，在较低的相对压力下，吸附量迅速上升，曲线上凸，等温线拐点通常出现在单层吸附附近。随相对压力继续增加，多层吸附逐步形成，达到饱和蒸气压时，吸附层无穷多，导致试验难以测定准确的极限平衡吸附值。

Ⅲ型等温线：等温线下凹，且没有拐点，十分少见。吸附气体量随组分分压增加而上升。曲线下凹是因为吸附质分子间的相互作用比吸附质与吸附剂之间的作用强，第一层的吸附热比吸附质的液化热小，导致吸附初期吸附质较难吸附；随吸附过程的进行，吸附出现自加速现象，吸附层数也将不受限制。

Ⅳ型等温线：与Ⅱ型等温线类似，但曲线后段再次凸起，且中间段可能出现吸附回滞环（其对应的是多孔吸附剂中的毛细凝聚）。在中等强度的相对压力下，由于毛细凝聚的发生，Ⅳ型等温线较Ⅱ型等温线上升得更快。中孔填满后，如果吸附剂还有大孔径的孔或者吸附质分子相互作用强，可能继续吸附形成多分子层，吸附等温线继续上升。但在大多数情况下，毛细凝聚结束后，将出现吸附终止平台，并不发生多分子层吸附。

Ⅴ型等温线：与Ⅲ型等温线类似，但达到饱和蒸气压时吸附层数有限，吸附量趋于极限值。同时，由于毛细凝聚的发生，在中等强度的相对压力下，等温线上升较快，并伴有吸附回滞环。

Ⅵ型等温线：一种特殊类型的等温线，反映的是无孔均匀固体表面（如洁净的金属或石墨表面）多层吸附过程。实际情况下，固体表面大都是不均匀的，因此，很难遇到这种情况。

1.3.6 思考题

①实验中 p/p_0 值为什么控制在 0.05～0.35?

②仪器使用过程中有哪些注意事项?

1.4 粉末样品的 X 射线衍射分析

1.4.1 实验目的

①理解衍射仪的基本原理和晶体衍射实验方法与技术原理。

②掌握各种粉末样品的制样技术以及仪器的基本设定方法和采集数据的基本操作。

③测绘纯物质或几种物相混合物的衍射图,学习通过行业软件进行物相定性鉴定的方法,了解衍射图谱的模拟和精修等高级数据处理的原理与方法。

1.4.2 实验原理

(1)X 射线衍射仪的基本构造与原理

一般在常规科研工作中提到的衍射仪都是指 X 射线衍射仪,它是利用衍射法对晶体物质进行物相分析的重要设备。X 射线衍射仪主要由 X 射线发生器、测角仪、探测器和测量记录系统等组成。近几年推出的新型衍射仪还配有高温附件、小角度衍射配件和计算机控制台等,具备自动控制和数据采集等功能,方便了人工操作。如图 1-23 所示为 X 射线衍射仪的基本构造。

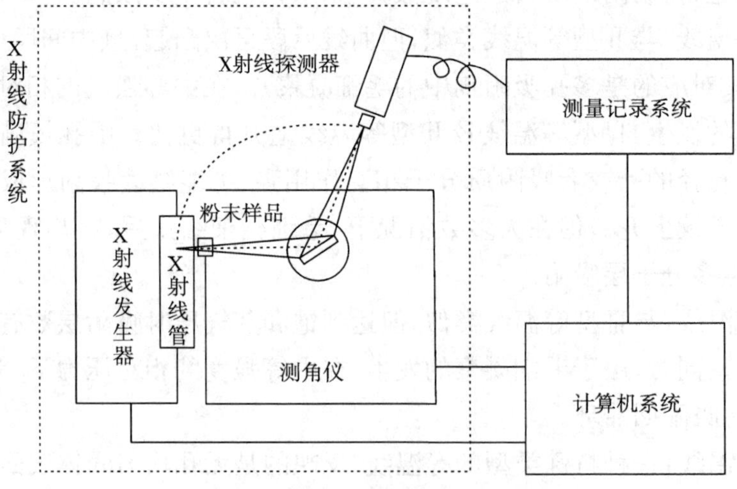

图 1-23 X 射线衍射仪的基本构造

测角仪是衍射仪的核心部件，其实物图和几何光路图如图 1-24 所示。X 射线源的线焦点与计数管窗口分别位于测角仪的圆周上，样品位于测角仪圆的正中心，且其表面与圆心重合。入射光路上有固定式 Sollar 狭缝和可调式发散狭缝，反射光路上有固定式 Sollar 狭缝、可调式防散射狭缝和接收狭缝。当给作为光源的 X 射线管加上高电压时，其产生的 X 射线经发散狭缝照射到样品上，此时，符合布拉格条件的面网即可产生衍射，相应的衍射线经过防散射狭缝和接收狭缝后即被接收端的计数管接收，同时产生相应的信号而被记录下来。当计数管在测角仪圆内的平面上扫描时，样品与计数管以 1∶2 的角速度联动。因此，在某些角位置能满足布拉格条件的面网所产生的衍射线将被计数管依次记录并转换为电信号，经放大处理后通过计算机控制台和相应的配套软件生成衍射图谱文件并在显示器上显示出来。

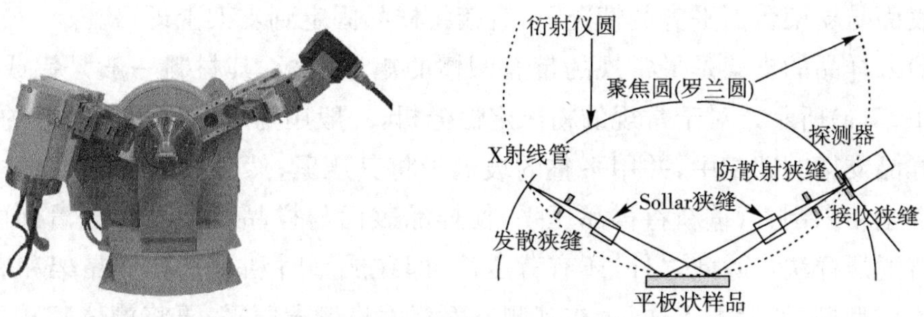

图 1-24　测角仪的实物图(左)和几何光路图(右)

(2)X 射线的防护

X 射线能够对以人体组织为代表的多种生物组织造成伤害。人体受 X 射线辐射损伤的程度与受辐射的量(强度、面积)和部位有关，其中眼睛和头部最易受伤害。用于衍射分析的 X 射线属于软 X 射线，其波长比医用硬 X 射线长，穿透力弱，但吸收强，故危害性更大，所以，每个实验人员都必须注意防护。人体受超剂量的 X 射线照射后，轻则烧伤，重则造成放射病，甚至死亡。因此，应尽量避免 X 射线的直接照射和散射线的影响。也就是说，在衍射仪工作时，对其初级 X 射线和次级 X 射线都要警惕。前者是从 X 射线焦点发出的直射 X 射线，强度高，但通常只存在于限定的方向中；后者是散射 X 射线，强度虽然比直射 X 射线小几个数量级，但存在于直射 X 射线行程附近的空间内。必须用重金属板将直射 X 射线束完全屏蔽起来，即使小于1 mm的小缝隙也会有 X 射线漏出。因此，衍射仪的初级光路结构必须经过特殊的设计，以达到良好的防护效果。

屏蔽 X 射线可以用各种铅的或含铅的制品，如铅板、铅玻璃、铅橡胶板等，或采用含其他重金属元素的制品。

凡是与 X 射线设备有关的单位和个人，在日常的仪器管理以及操作中，应按

《中华人民共和国职业病防治法》以及其他相关国家标准的规定进行设备的日常操作和保养。

(3)样品制备方法

一般常用衍射仪测量的样品以无机非金属材料为主，如功能性复合氧化物。这一大类材料因组分不同，硬度也有很大差别。如果硬度不大，可以用玛瑙研钵将被测样品研磨成直径为 10 μm 左右的细粉(必要时还可过筛，例如测定晶粒大小或者晶粒大小会比较明显地影响分析结果的实验)；如果硬度偏大，需要用表面光滑的刚玉陶瓷乳钵研磨，以免偏软性的玛瑙研钵引入杂质。

对于块体材料(例如陶瓷)而言，测试时一般要求其表面光滑平整，并且要求有一定的表面积(一般不得小于 1 cm^2)。随着测试样品支架的不断改进，目前已经有不需要黏合剂就能够固定各种高度块体材料的样品支架。在保证样品的被测试表面与支架台面平齐的情况下，直接将样品固定到支架上即可。

粉末样品的支架是最常规的带有凹槽的矩形平板，其材料一般是铝或石英，如图 1-25(a)所示。对于常规的粉末定性分析，一般用药匙取适量研磨好的细粉，填入样品支架的凹槽中，并用平整的玻璃板将其压紧；然后将槽外和高出样品板面的多余粉末刮去，重新将样品压平，使样品表面与样品板面平整光滑即可。此即为普通压样法。除此之外，还有背压法，即在成型时利用开孔样品架和底板共同构成成型槽，然后填入样品，在其测试面背面将粉末压平，再将槽体翻转并抽去底板，用于测试。

如果是要求比较高的测试，例如晶体结构测定以及 Rietveld 精修，除了选择特制的样品支架(例如日本理学的衍射仪系统配套有低背景型样品支架)和通过过筛等操作控制样品的粒度分布外，还需注意具备低对称构型的晶粒的择优取向问题。使用普通压样法或背压法装样可能会引起择优取向，此时可考虑侧装法。侧装法装样采用的样品支架侧面开有装样孔，粉末从侧面装入并振实，不用加压，可最大限度地避免择优取向，如图 1-25(b)所示。

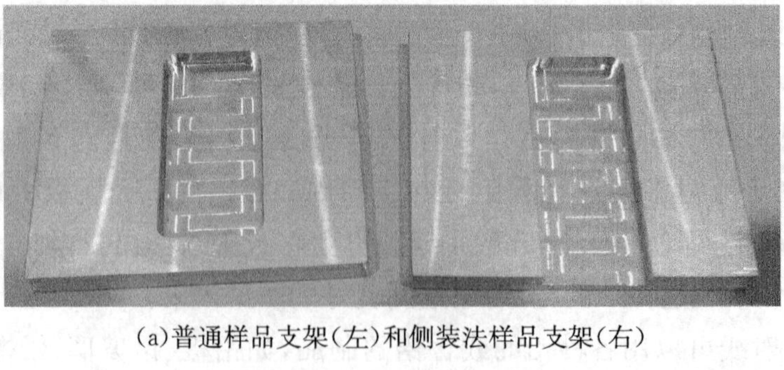

(a)普通样品支架(左)和侧装法样品支架(右)

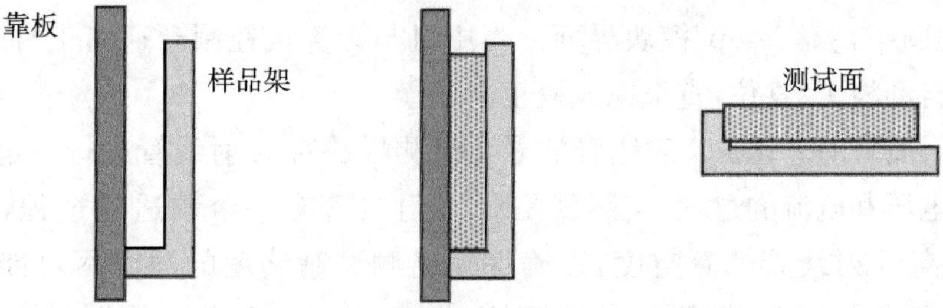

(b)侧装法装样操作示意图

图 1-25　X 射线衍射粉末样品支架实物与侧装法装样操作示意图

(4)测量模式和实验参数的选择

X 射线衍射(X-ray diffraction, XRD)分析实验涉及的仪器参数众多,样品也是千差万别,因此,需要根据样品的情况和测试具体要求确定各项参数。X 射线衍射分析实验参数的确定见附录 4。

1.4.3　实验仪器与材料

X 射线衍射仪以及配套辅助设备、防辐射监测设备与可穿戴护具(可选)、专用分析筛、研钵。

依据实验项目所涉及的材料体系,准备各种粉末以及块体多晶样品(可选)。

1.4.4　实验步骤

X 射线衍射分析实验是一系列采用 X 射线作为辐射源进行测试的有关实验的统称,除了基础的物相定性分析之外,还有物相定量分析、织构取向分析(极图绘制)、晶格应力测定、Rietveld 精修、晶体结构分析(直接法、模拟退火法和电荷弹跳法等)和分布函数测定(原子密度分布函数、双体分布函数和约化径向分布函数等)。

下面以岛津公司的 XRD-6100 系列衍射仪为例,简要说明设备的操作流程。

①检查温湿度。检查放在样品仓里的数字温湿度计。相对湿度应控制在 65%以下。室内温度若低于 13 ℃或高于 25 ℃,应开启空调。以上条件是为了保证 NaI 型晶体闪烁检测器的正常工作。

②开机。开启循环水之前先检查水的溶解固体总量(total dissdved solid, TDS)。若 TDS 大于 10 mg/L,则须更换新的去离子水。确认循环水正常后,打开主机左侧的冷却循环水机,启动循环水,并确保压缩机通电,检查循环水泵后方的水压表压力(应保持在 0.3～0.35 MPa)。确认正常之后,依次开启专用不间断电源总开关和 X 射线衍射仪主机的电源开关。

③测角仪校正。双击桌面上的“PCXRD”衍射仪控制软件图标，进入主界面，然后进入“Display&Setup”模块界面。当主机与计算机控制台通信正常时，测角仪将进行自动校正、复位，直至完成校正。

④X射线管的老化。X射线管的老化是测样前对X射线管进行一定程序的逐步升高电压和电流的过程，实际就是让X射线管有一个预适应过程，并在此过程中提高X射线管的真空度，以确保提高测试精确度的同时尽可能延长X射线管的寿命。首先，打开软件主界面的“Right Gonio Service”模块，在弹出窗口中设定使探测器正转一个角度(一般为30°)以避开直射光路，然后双击软件主界面的“XG Control”图标，在弹出窗口中打开X射线管，在电流维持为2 mA的情况下逐步升高电压至50 kV。

⑤样品制备。按照普通压样法制备平板状粉末样品以备测试。

⑥样品检测。在软件主界面中双击“Right Gonio Analysis”图标，使之保持打开状态，双击“Right Gonio Condition”图标，编辑相应的测试条件：通常只对Scan range(deg)(全扫描为10～80)、Step(deg)(一般为0.02)和Scan speed(deg/min)(全扫描可为4，精扫一般为2)进行设置；Voltage(kV)默认为40，Current(mA)默认为30，这2个数据都可以不用改动。设定好样品的名字后，在确认X射线管已经关闭的前提下插入已经制备好的样品片，关上设备机门，控制软件开始测试直至完成数据记录。注意：测试完成后需将测角仪复位。

⑦关机。一般情况下，根据程序设置，测试完成后X射线管会自动关闭。其关闭是一个逐步降低电流和电压的过程，需15～20 s，一定要耐心等待。将测角仪复位之后，关闭X射线衍射仪主机电源。X射线管关闭后，要让冷却循环水再工作20 min，以确保X射线管完全冷却，然后才能关闭冷却循环水机电源。

1.4.5 实验结果与分析

相是材料中各元素作用形成的具有同一聚集状态、同一结构和性质的均匀组成部分。物相分析就是指确定材料由哪些相组成以及各组成相的含量，而根据晶体对X射线的衍射特征来鉴定结晶物质物相的方法就是X射线衍射分析法。

构成物质的各种物相都具有特定的晶体结构(如点阵类型、晶胞形状与大小及各自的结构单元等)，因而具有各自的X射线衍射花样特征(含衍射线的位置与强度)。对于多相物质，其衍射花样是由其各组成物相的衍射花样简单叠加而成。由此可知，分析物质的X射线衍射花样特征就是分析物质组成的“指纹和脚印”。

(1)物相定性分析实例

制备各种标准单相物质的衍射花样(见附录5)，并使之规范化，将待分析物质样品的衍射花样与之对照，可确定物质的组成相。下面以磷酸盐功能材料的制备为例，介绍 X 射线定性分析的过程。

采用 $SrCO_3$ 和 $(NH_4)_2HPO_4$ 为原料，利用固相反应法制备 $Sr_2P_2O_7$ 粉末样品，可通过调节的化学计量比可避免因 $(NH_4)_2HPO_4$ 原料分解导致的磷元素过量。通过粉末衍射的方法检测样品，可确认调节的化学计量比是否合适，同时查看得到的 $Sr_2P_2O_7$ 样品是否为纯物相。相应的实验步骤如下：

①扫描范围设为 10°～70°，用连续扫描的方式扫描，得到样品的全谱。

②衍射仪最后生成的是一个由两列数据（分别为衍射角和对应强度）组成的文本文件（这种数据格式也代表了最一般性的情形）。将其扩展名改为“xy”，采用 powDLL Converter 程序将其转换为 MDI 格式，然后用 PANalytical HighScore Plus 打开该图谱。

③扣除背景与寻峰。右键单击图谱显示区域，在弹出的快捷菜单中选择“Determin Background…”，弹出的对话框如图1-26(a)所示，点击“Subtract”按钮计算背景点，然后“Accept”按钮会变为“Replace”，点击该按钮，此时软件将扣除相应背景并替换原始的图谱。

再次右键单击图谱显示区域并选择“Search Peaks…”，弹出的对话框如图1-26(b)所示，修改寻峰的参数信息，点击“Search Peaks”按钮，在图谱显示区域用鼠标左键拖动矩形虚线区域（放松后程序将显示该区域的放大效果），查看寻峰效果是否理想，然后单击右键并在快捷菜单中选择“Zoom out”，可以回到原来的全谱显示状态。若效果理想，则可以点击“Accept”按钮接受寻峰计算结果。此时，可以在主窗口右侧“List Pane”显示区的“Peak List”选项卡中查看寻峰的结果。

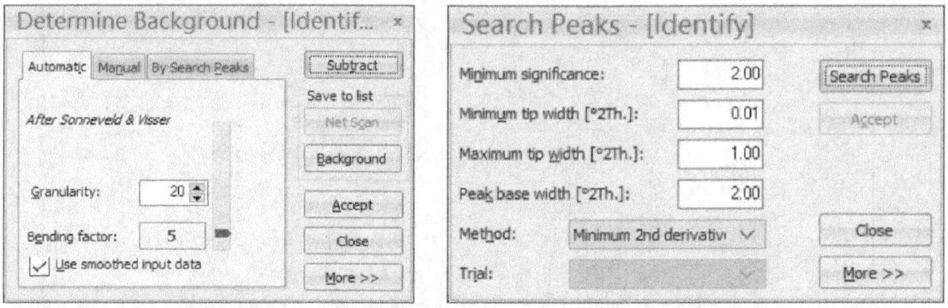

(a)　　　　(b)

图 1-26　扣除背景对话框(a)和寻峰对话框(b)

④设置搜索限制条件。右键单击图谱显示区域，在弹出的快捷菜单中选择“Search Match…”，在弹出对话框的“Ristrictions”选项卡中选中“Ristriction set”选项并点击“Edit Ristriction sets”按钮，然后在弹出的对话框中选择“Chemistry”选项卡并点击“Periodic Table…”按钮。由于本实例中样品由高温固相反应制得，

只可能存在非高温挥发的 Sr、P 和 O 元素，因此，在这 3 种元素的图标上单击使其变成绿色，确定即可，如图 1-27 所示。

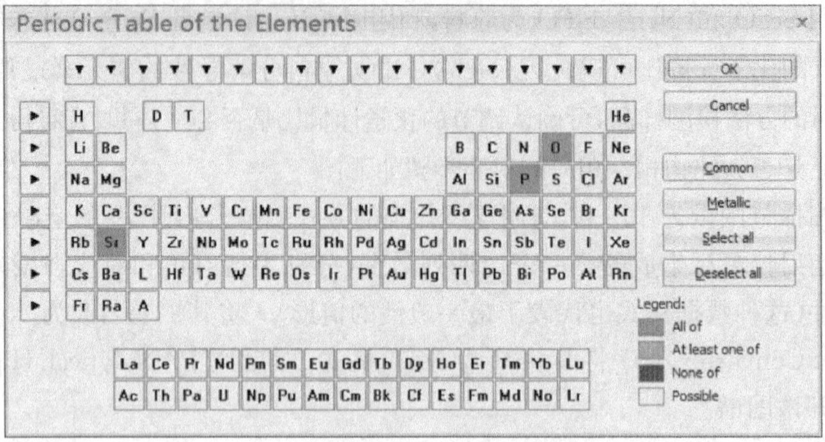

图 1-27　设定元素检索限定条件

⑤回到“Ristrictions”对话框中，点击“Close”按钮，结束搜索条件的设定。然后在“Search Match…”对话框中点击“Search”按钮，此时程序将按照设定的条件进行 PDF 卡片库的检索。检索完毕，点击“OK”按钮关闭“Search Match…”对话框，此时可查看检索结果中匹配度最高的卡片。

⑥经过分析可知，在图谱中除了制备的 α-$Sr_2P_2O_7$（主物相）之外，还有明显的 α-$Sr_3(PO_4)_2$ 物相，如图 1-28 所示，说明上述样品制备过程中调节样品计量比的操作使 Sr 元素过量，出现了富锶型的 α-$Sr_3(PO_4)_2$ 物相。

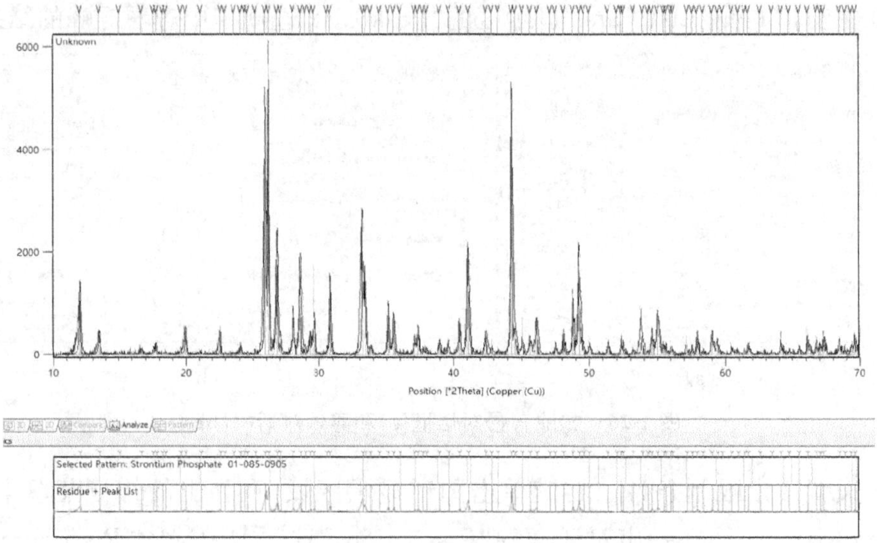

图 1-28　检索完成后图谱显示区域

(2)衍射数据的高级处理

X 射线衍射分析实验除了最常用的定性分析之外，还有定量分析、Rietveld 精修、衍射图谱模拟等。读者可以参照附录 6 和附录 7 中的相关内容进行练习。

1.4.6　实验结果与分析

本实验涉及 X 射线衍射晶体学的多个方面，且操作难度相差比较大。出于上述考虑，我们将实验要求操作并记录的内容分为必做和选做两部分。

必做内容：X 射线物相的定性分析。要求选定一种样品并加工成粉末，通过上机操作测定其衍射图谱，利用常见的衍射图谱分析程序分析其中存在几类物相(物相的含量也要有所反映)。实验报告中应附有分析完成之后的程序截图。

选做内容：X 射线衍射图谱的精修和模拟。在教师提供的精测数据、晶体结构模型等的基础上，自行精修或模拟一个结构，在教师的指导下解决计算过程中出现的问题。实验报告中应附有计算完成之后的程序截图。

1.4.7　思考题

①完善哪些实验条件可使测量的衍射线峰位更精确？在通常的定性测量中，设定什么样的实验条件能使所测得的结果更为合理？

②不同的衍射仪所测定并生成的粉末衍射数据文件的格式有所不同。同样一批样品中的某些样品由于时间和条件限制分别采用不同的衍射仪测定，可能造成步长值的差异，如何通过绘图软件(如 Origin)将其绘制到同一个图形中，同时得到良好的对比结果？

③物相检索时，通常按照三强线法寻找最佳匹配物相。为什么在物相鉴定时按实测的 3 条强线去查找索引，有时找不出对应的卡片？

1.5　粉体真密度的测定

1.5.1　实验目的

①了解粉体真密度的概念及其在科研与生产中的意义。

②掌握浸液法(比重瓶法)测定粉末真密度的原理及方法。

1.5.2　实验原理

粉体真密度是指粉体质量与其真体积的比值，真体积即去除内部孔隙或者颗粒间的空隙后的体积。与之相对应的物理性质还有表观密度和堆积密度。真密度是粉体材料的基本性质之一，也是测定微粉颗粒分布及比表面积等其他物理性质必须用到的参数。

根据测定介质的不同，粉体真密度的测定方法主要有浸液法（比重瓶法）和气体容积法。浸液法是根据阿基米德原理，将粉末浸入易润湿颗粒表面的浸液中，测定所排除液体的体积，即真体积，再由粉体的质量计算其真密度。除了金属材料及花岗岩、玻璃等少数较密实的非金属材料外，绝大多数材料都有一定数量的孔隙。故此法必须真空脱气以完全排除空隙中的气泡，才能确定真体积，可采用煮沸法（或减压法，或两法同时并用）来排除气泡，需使用恒温水浴排除温度影响。所谓气体容积法，是以气体取代液体测定试样所排出的体积。气体在密闭容器中遵守质量守恒定律，由测得的压力来确定粉体试样的体积。此法排除了浸液法溶解试样的可能性，具有不损坏试样的优点，但测定时易受温度的影响，且需注意漏气问题。

本实验采用浸液法中的比重瓶法。该法具有仪器简单、操作方便和结果可靠等优点，已成为目前应用较多的测定真密度的方法之一。比重瓶法测定粉体真密度基于阿基米德原理：浸在液体（或气体）里的物体受到向上的浮力作用，浮力的大小等于被该物体排开的液体（或气体）的重力大小。将待测粉体浸入能将其浸润而不将其溶解的浸液中，抽真空，除气泡，求出粉体试样从已知容量的容器中排出液体的质量（密度已知），就可按式（1－6）计算所测粉体的真密度。

$$\rho_p = \frac{M}{V} = \frac{M}{\frac{G}{\rho_L}} = \frac{M}{\frac{M+W-R}{\rho_L}} = \frac{M\rho_L}{M+W-R} \tag{1-6}$$

式中：ρ_p为粉体的真密度（g/cm^3）；M为粉体的质量（g）；V为粉体的真体积（cm^3）；G为排出液体的质量（g）；ρ_L为液体的密度（g/cm^3）；W为比重瓶和液体的总质量（g）；R为比重瓶、剩余液体和粉体的总质量（g）。

1.5.3 实验仪器与材料

比重瓶、真空干燥器、真空泵、真空压力表、三通阀、缓冲瓶、温度计（0～60 ℃，精度为 0.1 ℃）、电子天平（感量为 0.001 g）、烧杯（1000 mL）和烘箱等。

滑石粉。

1.5.4 实验步骤

①粉体试样通过 80 目（180 μm）标准筛以除去杂物，105 ℃干燥 4 h 后置于干燥器内自然冷却，待用。

②称量事先洗净、烘干的带盖比重瓶的质量 M_1。

③在比重瓶内装入一定量的粉体试样（约至瓶容积的 1/4），精确称量比重瓶

和试样的总质量 M_2，粉体总质量 $M=M_2-M_1$。

④将浸液注入装有试样的比重瓶内，润湿并浸没粉体（液面约至容器容量的 2/3 处），放入真空干燥器内。按图 1-29 连接好各部件，各连接处应严密不漏气。

⑤启动真空泵，抽气至真空度大于或等于 100 kPa，瓶内基本无气泡逸出时停止抽气，此过程需 15～20 min。注意：抽气开始时调节三通阀，使瓶内粉体中的空气缓缓排出，以免因抽气过急而将粉体带出。

⑥从真空干燥器内取出比重瓶，向瓶内加满浸液并加盖（液面应与盖顶平齐），称其质量 R。

⑦洗净该比重瓶，然后装满浸液并加盖（液面应与盖顶平齐），称其质量 W。

⑧记录室内温度（作为测定温度）。

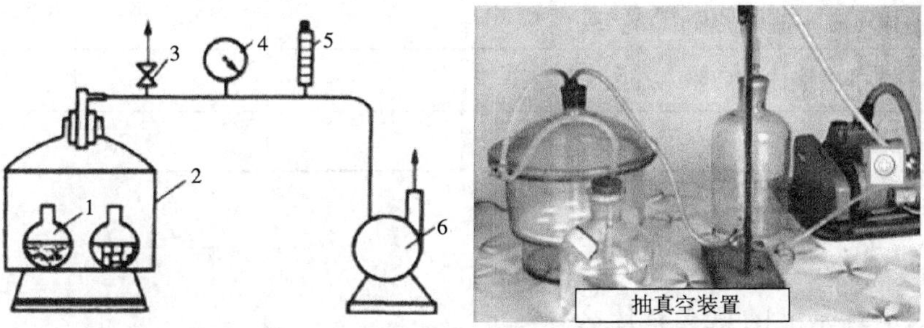

1-比重瓶；2-真空干燥器；3-三通阀；4-真空压力表；5-温度计；6-真空泵

图 1-29　抽真空装置示意图及实物图

1.5.5　注意事项

①计算粉体的真密度时，数据应保留小数点后 3 位。每组试样需进行 5 次平行测定。在计算平均值时，其计算数据的最大值与最小值之差应不大于±0.008 kg/m^3。如果其中有 2 个以上数据超过上述误差范围，应重新取一组样品进行测定。

②比重瓶法不适用于粒度小于 5 μm 的超细粉体，因为这类超细粉体的表面非常容易吸附气体。要除去吸附气体，通常需要在高温真空条件下处理。对于表面粗糙的颗粒（可能会有空气进入其表面裂缝和凹坑内而不易除去），可将粉末制备成悬浮液，放入比重瓶内，离心后再按常规方法测定密度。

③使用比重瓶法测定材料的真密度存在一些影响测试结果的问题。不同的样品需要采用不同的浸润液体，以防止出现溶解材料、与材料起反应等问题。对无机材料，一般多选用有机溶剂；对与水反应的材料，则可用煤油或二甲苯等有机液体介质。浸润液体要能够容易润湿材料内部孔隙的表面。如果选取的润湿液不恰当，会产生不易浸润表面的情况，影响测试结果。测试粉末状材料时，当粉末完全浸入液体时，必须完全排除其气泡，才能确定其所排除的体积。此时，需要采

用煮沸的方法来排除气泡，且要使用恒温水浴排除温度影响，操作较烦琐，易出问题，计算过程易受操作误差的影响。

1.5.6 实验结果与分析

表 1-6 数据记录与整理

样品编号	1	2	3
比重瓶的质量 M_1/g			
比重瓶＋粉体的质量 M_2/g			
粉体的质量 M/g			
比重瓶＋粉体＋液体的质量 R/g			
比重瓶＋液体的质量 W/g			
排出液体的质量 G/g			
粉体的真密度 ρ_p/(kg/m^3)			

1.5.7 思考题

①测定真密度的意义是什么？

②浸液法测定真密度的原理是什么？影响测定的主要因素有哪些？

③怎样通过真密度数据来分析试样的质量？

④粉尘堆积密度和真密度的概念分别是什么？如何计算粉体孔隙率？

⑤如果实验室内只有真空过滤设备，要测定滑石粉的真密度，你会如何测？请写出实验方案。

1.6 固体表面润湿性的测定

1.6.1 实验目的

①了解液体在固体表面的润湿过程及接触角的含义与应用。

②掌握 JCY-4 静滴接触角/界面张力测量仪测定接触角和表面张力的方法。

1.6.2 实验原理

润湿是自然界和生产过程中常见的一种现象。通常将固-气界面被固-液界面取代的过程称为润湿。将液体滴在固体表面上，由于液体性质不同，有的会铺展开来，有的则黏附在固体表面，呈平凸透镜状。前者称为铺展润湿，后者称为黏附润湿。例如，水滴在干净玻璃板上属于铺展润湿，滴在木板上属于黏附润湿。

如果液体不黏附而保持椭球状，则称为不润湿。例如，水滴在防水布上或汞滴在玻璃板上，属于不润湿。此外，如果是能被液体润湿的固体完全浸入液体中，则称为浸湿。上述各种类型的润湿见图 1-30。

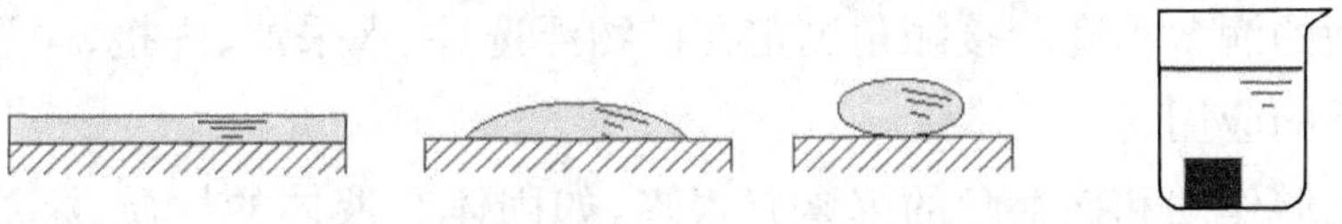

图 1-30　各种类型的润湿

当液体与固体接触后，体系的自由能降低。因此，液体在固体表面的润湿程度可用这一过程中自由能降低的多少来衡量。在恒温恒压下，当液滴被置于固体平面上时，液滴能自动地在固体表面铺展开来，或以与固体表面成一定接触角的液滴的形式存在，如图 1-31 所示。

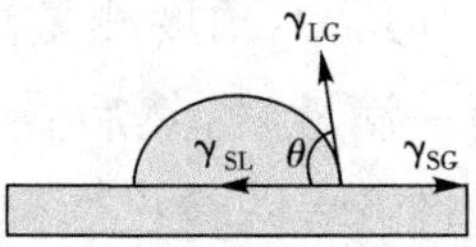

图 1-31　接触角

假定不同的界面间力可用作用在界面上的界面张力来表示，则当液滴在固体平面上处于平衡位置时，这些界面张力在水平方向上的分力之和应等于零。这个平衡关系可用著名的杨氏方程表示，即

$$\gamma_{SG} = \gamma_{SL} + \gamma_{LG} \cdot \cos\theta \tag{1-7}$$

式中：γ_{SG}、γ_{SL}、γ_{LG}分别为固-气、固-液和液-气界面张力；θ 为固、气、液三相交界处，自固体界面经液体内部到气液界面的夹角，称为接触角（0°～180°）。接触角是反映物质与液体润湿性关系的重要指标。

在恒温恒压下，黏附润湿、铺展润湿过程发生的热力学条件分别是：

黏附润湿　$$W_a = \gamma_{SG} - \gamma_{SL} + \gamma_{LG} \geqslant 0 \tag{1-8}$$

铺展润湿　$$S = \gamma_{SG} - \gamma_{SL} - \gamma_{LG} \geqslant 0 \tag{1-9}$$

式中：W_a为黏附润湿过程的黏附功；S 为铺展润湿过程的铺展系数。

若将式（1－7）代入式（1－8）、（1－9），则得到下面结果：

$$W_a = \gamma_{SG} - \gamma_{SL} + \gamma_{LG} = \gamma_{LG}(1 + \cos\theta) \tag{1-10}$$

$$S = \gamma_{SG} - \gamma_{SL} - \gamma_{LG} = \gamma_{LG}(\cos\theta - 1) \tag{1-11}$$

由式（1－10）和式（1－11）可知，只要测定液体的表面张力和接触角，就可以计算出黏附功、铺展系数，进而可以判断润湿情况。此外，接触角的数据也能作为判断润湿情况的依据。通常把 θ＝90°作为润湿与否的界限。当 θ＞90°时，表示不润湿；当$\theta<90^\circ$时，表示润湿。θ越小，说明润湿性能越好。当θ等于零时，液体在固体表面上完全铺展，固体被完全润湿。

接触角是表征液体在固体表面润湿性的重要参数之一，可用于了解液体在一定固体表面的润湿程度。接触角测定在矿物浮选、注水采油、焊接、印染和洗涤等领域有广泛的应用。

影响润湿作用和接触角的因素有很多，如固体和液体的性质、添加物和杂质的影响以及固体表面的不均匀性和粗糙程度等。原则上，极性固体易为极性液体所润湿，非极性固体易为非极性液体所润湿。玻璃是一种极性固体，故易为水所润湿。对于一定的固体表面，在液相中加入表面活性物质可改善其润湿性质。随着液体和固体表面接触时间的延长，接触角有逐渐变小且趋于稳定的趋势。这是表面活性物质在各界面上吸附的结果。

接触角的测定方法有很多，根据直接测定的物理量可分为角度测量法、力测量法、长度测量法和透射测量法。其中，角度测量法是最常用的，也是最直截了当的方法：在平整的固体表面上滴一滴液滴，然后直接测量接触角的大小。可用低倍显微镜中的量角器测量，也可将液滴图像投影到屏幕上或拍摄图像后用量角器测量。这种方法存在一定缺陷，即无法避免人为作切线的误差。本实验所用的仪器为JCY-4静滴接触角/界面张力测量仪，可采取量角法和量高法进行接触角的测定，提高测试结果的准确性。

1.6.3 实验仪器与材料

JCY-4静滴接触角/界面张力测量仪、微量注射器、容量瓶、镊子、载玻片、涤纶薄片、聚乙烯片和金属片(不锈钢、铜等)等。

蒸馏水、无水乙醇和十二烷基苯磺酸钠等。

1.6.4 实验步骤

(1)接触角的测定

①开机。插上电源，打开电脑，双击桌面上的JCY-4应用程序，进入主界面。点击界面右上角的活动图像按钮，可以看到摄像头拍摄的载物台的图像。

②调焦。将进样器或微量注射器固定在载物台上方，调整摄像头焦距，旋转摄像头底座后面的旋钮，调节摄像头到载物台的距离，使图像清晰。

③加样。通过旋转载物台右边的采样旋钮抽取液体，或用微量注射器压出液体。测接触角时，样品量以0.6～1.0 μL为宜。此时，可以从活动图像中看到进样器下端出现一个清晰的小液滴。

④接样。旋转载物台底座的旋钮使载物台慢慢上升，触及悬挂在进样器下端

的液滴后下降，使液滴留在固体平面上。

⑤冻结图像。点击界面右上角的冻结图像按钮将画面固定，然后保存图像。接样后要在10 s内冻结图像。

⑥量角。点击量角法按钮，进入量角法主界面，按开始按钮，打开之前保存的图像。此时，图像上出现一个由两直线交叉(45°)组成的测量尺，可利用键盘上的“Z”“X”“Q”“A”键(即左、右、上、下)调节测量尺的位置。首先使测量尺与液滴边缘相切，然后下移测量尺使交叉点降至液滴顶端，再利用键盘上“＜”和“＞”键(即左旋和右旋)旋转测量尺，使其与液滴左端相交，即得到接触角的数值。

⑦量高。点击量高法按钮，进入量高法主界面，按开始键，打开之前保存的图像，然后用鼠标左键依次点击液滴的顶端和液滴的左、右两端与固体表面的交点。如果点击错误，可以点击鼠标右键，取消选定。

(2)表面张力的测定

①开机。插上电源，打开电脑，双击桌面上的JCY-4应用程序，进入主界面。点击界面右上角的活动图像按钮，可以看到摄像头拍摄的载物台的图像。

②调焦。将进样器或微量注射器固定在载物台上方，调整摄像头焦距，旋转摄像头底座后面的旋钮，调节摄像头到载物台的距离，使图像清晰。

③加样。通过旋转载物台右边的采样旋钮抽取液体，或用微量注射器压出液体。测表面张力时，样品量为液滴最大时(即液滴增大到一定程度，受重力作用即将脱离注射器针头)可以从活动图像中看到进样器下端出现一个清晰的大液泡。

④冻结图像。当液滴欲滴未滴时，点击界面的冻结图像按钮，然后保存图像。

⑤悬滴法。单击悬滴法按钮，进入悬滴法程序主界面，按开始按钮，打开之前保存的图像文件，然后用鼠标左键依次在液泡左右两侧和底部各取一点。此时，液泡顶部出现一条横线与液泡两侧相交，用鼠标左键在两个相交点处各取一点，在弹出的对话框中输入密度差和放大因子，即可测出表面张力值。注意：密度差为液体样品和空气的密度之差。

1.6.5　实验结果与分析

①考察载玻片上水滴的大小(体积)与所测接触角读数的关系，找出测量所需的最佳液滴大小。

②考察水在不同固体表面的接触角。

③考察等温条件下醇类(如甲醇、乙醇、异丙醇、正丁醇)在涤纶薄片和载玻片上的接触角和表面张力。

④考察等温条件下不同浓度的乙醇溶液在涤纶薄片和载玻片上的接触角和表面张力。

⑤考察等温条件下不同浓度的表面活性剂溶液在固体表面的接触角和表面张力。

表面活性剂：十二烷基苯磺酸钠，质量分数分别为0.01%、0.02%、0.03%、0.04%、0.05%、0.1%、0.15%、0.2%、0.25%。

⑥考察0.1%十二烷基苯磺酸钠水溶液在涤纶薄片和载玻片上的接触角随时间的变化情况。

1.6.6 思考题

①液体在固体表面的接触角与哪些因素有关？

②在本实验中，滴到固体表面的液滴大小对所测接触角读数是否有影响？为什么？

③实验中滴到固体表面的液滴的平衡时间对接触角读数是否有影响？

1.7 粉体-水溶液界面吸附量的测定

1.7.1 实验目的

①了解用紫外光谱法测定粉体-水溶液界面吸附量的原理。

②掌握使用紫外-可见分光光度计测定粉体-水溶液界面吸附量的实验操作。

1.7.2 实验原理

粉体的浮选分离是一个复杂的物理化学过程。粉体材料表面和浮选剂水溶液的相互作用，可使粉体材料表面性质(如可浮性)发生变化。因此，可以通过浮选使粉体材料得到分离。所以说，粉体-水溶液界面反应物性质在整个浮选过程中具有关键性作用。因此，了解和测定粉体-水溶液界面反应物性质是非常必要的。

界面反应物性质的间接测定，可采用已知浓度和体积的浮选剂溶液与粉体材料作用，测定残余溶液的浓度，按式(1—12)计算出粉体材料对浮选剂的吸附量。

$$\Gamma = \frac{(c_0 - c)V}{1000mS} \tag{1—12}$$

式中：Γ为粉体材料的吸附浓度[mol/(L · cm^2)]；c_0为浮选剂溶液的初始浓度(mol/L)；c为浮选剂溶液的残余浓度(mol/L)；V为浮选剂溶液的体积(mL)；m为粉体材料的质量(g)；S为粉体材料的比表面积(cm^2/g)。

紫外光谱法的理论基础是朗伯-比尔定律，即溶液的吸光度在波长一定、试样不变时，与溶液的浓度、溶液槽的厚度及溶液的吸收系数有关，其数学表达式为：

$$A = Kcl \tag{1-13}$$

式中：A 为溶液的吸光度；K 为溶液的吸收系数[L/(g · cm)]；c 为溶液的浓度(g/L)；l 为溶液槽的厚度(cm)。

K 与入射波长和吸收物质的性质有关。若浓度单位为 mol/L，则 K 的单位为 1/(mol · cm)。因此，K 又称摩尔吸收系数，可用符号 ε 表示。实验证明，具有不同分子结构的各种物质，对电磁辐射显示选择吸收的特性。如果试液是一个单组分体系且符合朗伯-比尔定律，则很容易通过紫外光谱法测定。当试样中含有数种吸收物质时，用普通的比色法和光电比色法常常比较困难，必须事先进行分离或采取可有效避免干扰的办法。采用紫外光谱法，可不加分离地进行多组分混合物的分析。

若混合物中各组分的特征吸收不重叠，即波长为 λ_1 时 A 物质吸收显著而其他组分的吸收可以忽略，波长为 λ_2 时 B 物质吸收显著而其他组分的吸收可以忽略，则可在 λ_1、λ_2 波长处分别测定 A、B 组分。例如，硫氧化物阴离子的特征吸收波长分别为 197 nm(SO_3^{2-})、215 nm($S_2O_3^{2-}$)、210 nm(SO_4^{2-})和 230 nm(SO_4^{2-})。我们可根据特征吸收波长，判定硫氧化物阴离子的类型。

1.7.3　实验仪器与材料

紫外-可见光分光光度计、pH 计、玻璃器皿、搅拌器和秒表等。

粉体材料：碳酸钙、二氧化钛和二氧化硅等。

浮选剂：煤油和柴油等。

1.7.4　实验步骤

①绘制校正曲线。配制一系列不同浓度的标准溶液，以不含试样的空白溶液作参比，测定标准溶液的吸光度，绘制吸光度-浓度曲线。如果吸光度、浓度呈线性关系，说明符合朗伯-比尔定律。如果吸光度、浓度不呈线性关系，则选择溶液浓度范围时，只可选取直线部分的溶液浓度范围。

②称取 1 g 细度为 320 目的纯粉体材料，置于 10 mL 浮选剂溶液中(浮选剂的初始浓度要比校正曲线中标准试液的最高浓度大)，搅拌，记录 pH 后，搅拌 5 min。

③在紫外-可见分光光度计上调好波长，以不含试样的空白溶液(蒸馏水)作参比，对固液分离得到的试样清液进行测定，获得该试样的吸光度。

④从校正曲线上查找试样溶液吸光度对应的标准溶液的浓度 c_0。

⑤结合 c_0、c 和 V 值，按式(1-12)计算出粉体材料的吸附浓度。

1.7.5 实验结果与分析

①用表格列出所选波长范围内溶液吸光度与浓度的对应关系。

②以浓度 c 为横坐标，以吸光度 A 为纵坐标，绘制吸光度-浓度校正曲线。

③从校正曲线上查出对应的浓度。

④根据式(1－12)，计算粉体材料吸附浮选剂的吸附浓度 Γ。

1.7.6 思考题

①为什么说用紫外光谱法测定固-液界面反应物的性质是间接测定法？

②为什么用紫外光谱法测定混合物时，不用事先进行分离或采取可有效避免干扰的办法？

1.8 粉体流动性的测定

粉体的流动性是粉体加工制备过程中必须考虑的重要性质，不仅影响正常的生产过程，而且影响产品质量，如质量差异和含量均匀度等。本实验重点考察粉体的流动性及影响流动性的因素。

测量粉体流动性的仪器大致可分为两类，即剪切类和流动类。剪切类测量仪器主要通过测量切向应力与法向应力之间的关系得到屈服曲线。这类仪器中具有代表性的是直接剪切仪和 Jenike 剪切仪等。流动类测量仪器可通过测量休止角、平板角和压缩率等计算出流动指数，以此评价粉体流动性。

1.8.1 内摩擦角的测定

1.8.1.1 实验目的

①了解粉体流动性测定的意义。

②掌握直接剪切仪的使用方法，熟悉内摩擦角的测定方法。

③掌握实验数据的处理方法。

1.8.1.2 实验原理

直接剪切试验是测定粉体抗剪强度的常用方法。通常采用一组试样，分别在不同的垂直应力 σ 下施加水平剪应力进行剪切，求得被破坏时的剪应力 τ，然后根据库仑定律确定粉体的抗剪强度参数——内摩擦角 Φ_i 和附着力 c。

内摩擦角是指将散粒状粉体或粉块沿内部一断面切断产生滑动时，作用于此面的剪应力与垂直应力之比的反正切。粉体被剪断时，破坏剪应力与粉体层上受到的垂直应力 σ 有关。σ 越大，粉体的破坏剪应力 τ 也就越大。改变粉体层上的垂直应力，就可以得到相应的破坏剪应力。根据粉体上垂直应力和相应最大剪应力的关系，可以作出 σ-τ 关系曲线。

库仑粉体(剪应力与垂直应力呈线性关系的粉体)的剪应力 τ 可由式(1－14)表示。

$$\tau = \sigma \tan \Phi_i + c = \mu_i \sigma + c \tag{1-14}$$

式中：Φ_i为内摩擦角；c 为附着力；μ_i为内摩擦系数。

当粉体粒子间不存在附着力时，c＝0。因此，通过垂直应力和相应最大剪应力的关系(图 1-32)可求出内摩擦角。

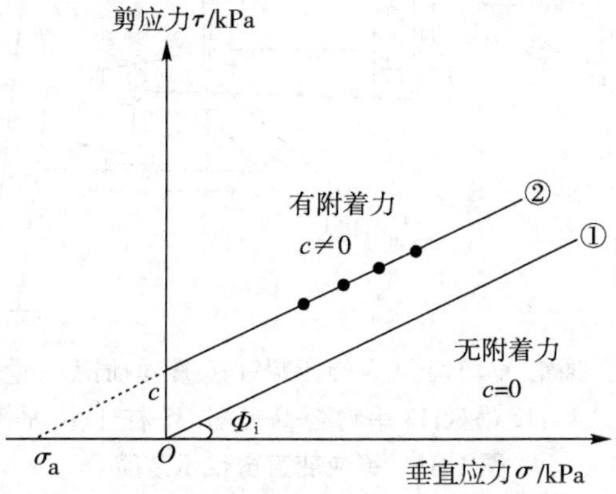

图 1-32　垂直应力与相应最大剪应力的关系

实验中，应保持剪切实验条件一致，试样所需物料量可按式(1－15)计算。

$$m = V\rho(1-\varepsilon) = (\pi/4)D^2 H\rho(1-\varepsilon) \tag{1-15}$$

式中：m 为试样质量(g)；V 为剪切盒有效体积(cm^3)；ρ 为试样密度(g/cm^3)；ε 为空隙率，取 0.5；D 为剪切盒内径(6.2 cm)；H 为剪切盒有效高度，内摩擦为 2 cm，壁摩擦为 1.4 cm。

试样剪应力 τ 可按式(1－16)计算。

$$\tau = CR \tag{1-16}$$

式中：τ 为剪应力(kPa)；C 为量力环校正系数(kPa/0.01 mm)；R 为剪切破坏时测微表的读数，精确至 0.01 mm。

1.8.1.3　实验仪器与材料

等应变直剪仪(图 1-33)、烘箱、天平、测微表、透水石和滤纸等。

粉煤灰、矿渣、钢渣、砖粉和砂粉等。

1.8.1.4　实验步骤

①用天平称取在 110 ℃条件下烘干的粉体物料，精确至 0.1 g。

②校准杠杆。杠杆水平时，杠杆下沿应与立柱的中间白线平齐。

③将限位板及钢珠放在导轨上，放上滑动框。

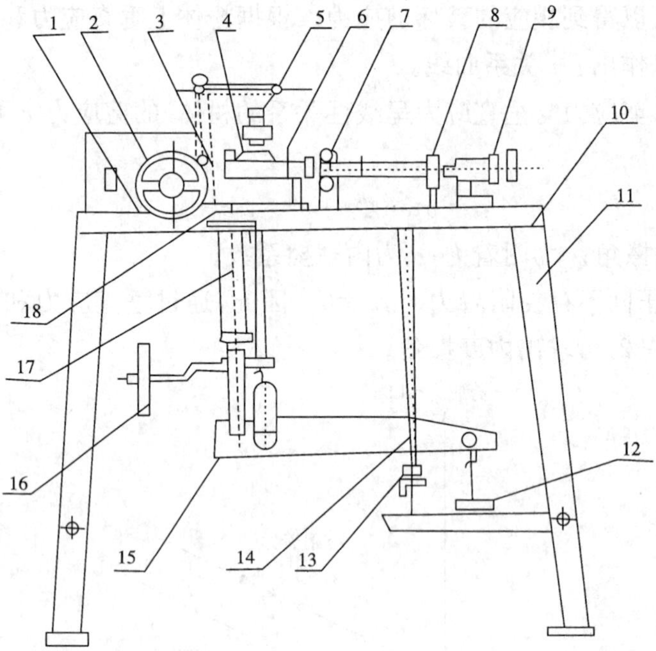

1-推动座;2-手轮甲;3-插销;4-剪切盒;5-传压螺钉;6-螺丝插销;7-量力环轴承;8-量力环部件;9-锁紧螺母;10-底板;11-支架;12-吊盘;13-手轮乙;14-立柱;15-杠杆;16-平衡锤;17-接杆;18-滑动框

图 1-33　等应变直剪仪示意图

④将上下剪切盒对准,插入固定销钉,在下盒内放一块透水石,其上放一块与剪切盒内径相同的滤纸,然后将称好的试样放入剪切盒内,用刷子刷平,放上一层滤纸,之后再放上一块透水石。

⑤盖上传压板和钢珠压力框架,使杠杆下沿抬至立柱的上红线附近。若试样未经预压,则可稍抬高些,以免加压后试样下沉而使杠杆过于倾斜。杠杆下沿应位于上下红线之间,出力应在测试精度范围内。

⑥调节量力环,将百分表对零(若需测下沉量,则安装垂直百分表并对零),匀速转动手轮甲,使固定盒前端的钢珠刚好与量力环接触,即量力环内测微表的指针刚好开始移动,将量力环中测微表读数调为零。

⑦按实际需要施加垂直载荷。加荷时,可左旋手轮乙,使支起的杠杆慢慢放下。卸荷时,可右旋手轮乙,使螺钉脱离传压板,至容器部件能自由取放。待试样受载(或固结)后,拧出螺丝插销,以均匀速度摇动手轮进行剪切。当量力环测微表指针不再前进或有后退时,记下数值,一般剪切位移应达到 4 mm 左右。若剪切过程中百分表读数无峰值,则可剪至 6 mm。剪切结束后,尽快移去垂直压力、框架和上盖板,取出试样。

⑧在不同的垂直荷重下进行上述剪切实验。

1.8.1.5　实验结果与分析

①根据剪切实验的数据记录,计算试样的最大极限剪应力 τ,并填入表 1-7。

②以垂直应力为横坐标，以相应的最大剪应力 τ 为纵坐标，绘制抗剪强度与垂直压力的曲线，其倾角为摩擦角，纵坐标上的截距为黏聚力。

表 1-7　剪切实验记录

试样种类：　　　　　　　　　　量力环校正系数 C：

序号	垂直应力/kPa	测微表读数/mm	最大剪应力/kPa
1			
2			
3			
4			

1.8.1.6　思考题

①内摩擦角的测定方法还有哪些？

②在测定内摩擦角时，为什么要匀速转动手轮甲？手轮乙有什么作用？

1.8.2　流动性指数的测定

1.8.2.1　实验目的

①掌握粉体综合特性测试仪的使用方法。

②掌握安息角、松装密度、振实密度、压缩率、分散度和平板角的测定方法以及粉体流动性和溢流性的计算原理。

③掌握根据粉体综合流动特性指数评判流动程度的方法。

1.8.2.2　实验原理

粉体流动性直接影响粉体的贮存、混合、分离和供料等单元操作。反映流动性的参数有安息角、内摩擦角和壁摩擦角等。BT-1000 型粉体综合特性测试仪可用于测定安息角、崩塌角、平板角、差角、分散度、松装密度、振实密度、压缩率、流动性指数和溢流性指数等参数。流动性指数和溢流性指数是评价粉体流动性的综合性指标。

粉体的流动性指数是安息角指数、压缩率指数、平板角指数和均齐度（也叫黏附度）指数的加权和。这 4 项指数可由附录 8 查得。

流动性指数＝安息角指数＋压缩率指数＋平板角指数＋均齐度指数

粉体的溢流性指数是流动性指数、崩塌角指数、差角指数和分散度指数的加权和。这 4 项指数可由附录 9 查得。

溢流性指数＝流动性指数＋崩塌角指数＋差角指数＋分散度指数

1.8.2.3　实验仪器与材料

BT-1000 型粉体综合特性测试仪、托盘天平、毛刷和铝箔等。

滑石粉、硅灰石、碳酸钙、二氧化硅和石墨等粉末。

1.8.2.4 实验步骤

(1)安息角、崩塌角和差角的测定

①放置安息角器具。如图 1-34 所示,将减振器放到仪器中央的定位孔中,再放上接料盘和安息角试样台。

②加料。关上仪器前门,准备好试样,将定时器设置为 3 min 左右,如图 1-35 所示,打开振动筛盖及仪器的电源开关和振动筛开关,用小勺在加料口缓缓加料,物料通过筛网、出料口落到试样台上,形成锥体。

图 1-34 放置安息角器具

图 1-35 加料

③安息角的测定。试样落满试样台上且呈对称的圆锥体后,停止加料,关闭振动筛电源,将测角器置于试样托盘左侧并靠近料堆,与圆锥形料堆的斜面平齐,测定安息角。注意:应从 3 个不同位置进行测定(图 1-36),其平均值即为安息角(θ_r)。

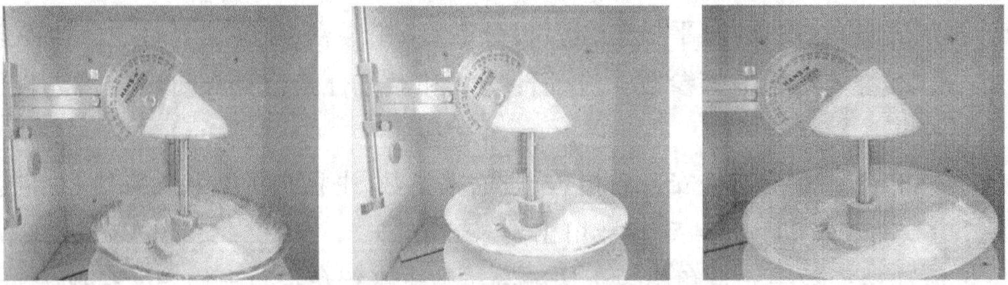

图 1-36 安息角的测定(3 个不同角度)

④崩塌角的测定。测完安息角后,用两指轻轻提起试样台中轴上的崩塌角振子(高度为距离顶部 10 mm 左右),使振子自由落下。试样台上的堆积试样受到振动,圆锥体的边缘崩塌落下。如此振动 3 次,然后用测角器测定 3 个不同位置的崩塌角,其平均值即为崩塌角(θ_f)。

⑤差角的测定。差角为安息角与崩塌角之差。

$$差角(\theta_d)=安息角(\theta_r)-崩塌角(\theta_f)$$

(2)松装密度和振实密度的测定及压缩率的计算

①松装密度(ρ_a)的测定。

a. 将透明套筒与密度容器连接好,如图 1-37 所示。

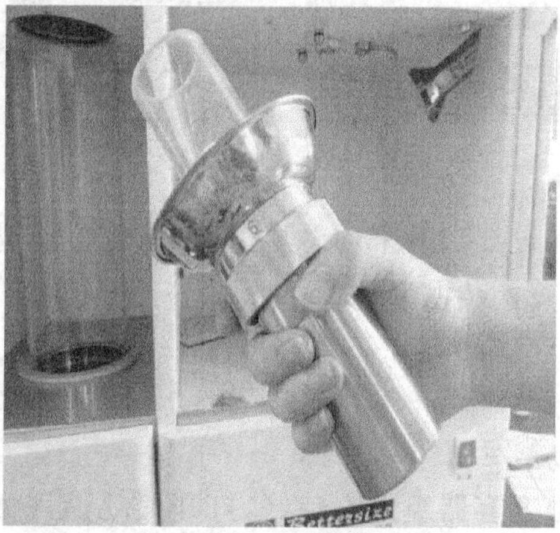

图 1-37　连接密度容器

b. 安装减振器、接料盘、松装密度垫环、密度容器和出料口漏斗(如果粉体的流动性不好,可以不安装出料口漏斗)。打开振动筛开关,在振动筛上加料,使样品通过筛网、出料口落到密度容器中,样品充满密度容器后停止加料,如图 1-38 所示。

图 1-38　准备与加料

c. 关闭振动筛,取出密度容器,用刮板将多余的粉体刮出,并用毛刷将外面的粉体扫除干净,称量容器与粉体的总质量,如图 1-39 所示。

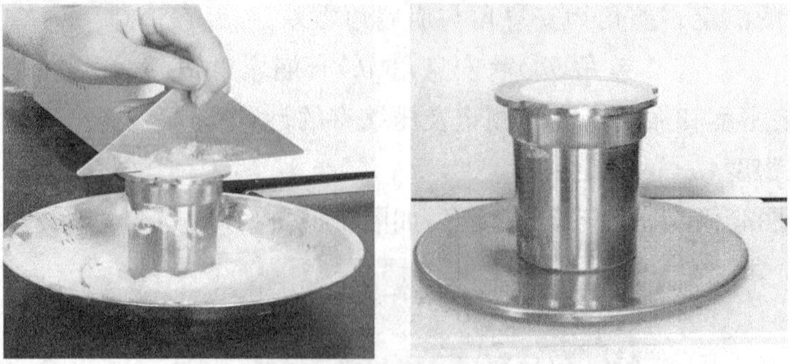

图 1-39 刮平样品

d. 重复试验 2 次。设 3 次的平均总质量为 G，密度容器的质量为 G_1（应事先称量），按式(1－17)计算松装密度 ρ_a。

$$\rho_a = \frac{G - G_1}{100} \tag{1-17}$$

②振实密度(ρ_p)的测定。

a. 将升降顶棒和密度容器组件安装好，打开振动筛开关，在振动筛上加料，使样品通过筛网、出料口、透明套筒充满密度容器，如图 1-40 所示。如果试样过筛困难，可用料铲直接装入。

图 1-40 振实密度测试组件安装示意图

b. 当试样高度达到透明套筒中央时，可停止加料。关闭振动筛，将定时器设置为 6 min，打开振动电机开关。待振动自动停止，重新启动振动电机。振动过程中，注意观察透明套筒中的粉体表面。如果粉体表面仍下降，应继续振动，直至粉体表面不再下降。停止振动，取出透明套筒，用刮刀刮平样品，如图1-41 所示，并用毛刷将容器外面的粉体轻轻扫除干净，用天平称量容器与粉体的总质量。

图 1-41　振实密度测试过程中样品处理示意图

c. 对于同一个样品，每次的振动时间或振动次数要相同。即记录好第一次测试时的振动时间或振动次数，以后测试时就不必观察粉体表面的下降情况。

d. 重复试验 2 次。设 3 次的平均总质量为 G，密度容器的质量为 G_1（事先称量好），按式(1－18)计算振实密度 ρ_p。

$$\rho_p = \frac{G - G_1}{100} \tag{1-18}$$

③压缩率(C_p)的计算[式(1－19)]。压缩率反映粉体的流动特性。压缩率越大，粉体的流动性就越差。

$$C_p = \frac{\rho_p - \rho_a}{\rho_p} \times 100\% \tag{1-19}$$

(3)均齐度的测定与计算

用粒度测定仪测出 D_{60} 和 D_{10}，按式(1－20)计算均齐度。

$$均齐度=D_{60}/D_{10} \tag{1-20}$$

(4)分散度(D_s)的测定

①将分散度卸料控制器拉到右端并卡住，然后关闭料斗。

②用天平称取 10 g 试样，通过漏斗将试样均匀加入仪器顶部的分散度入料料斗。

③将接料盘置于分散度测定筒正下方的分散度测定室内的定位圈中，关上抽屉，然后迅速开启卸料阀，使试样通过分散度测定筒自由落下。

④重复试验 2 次。取出接料盘，称量残留于接料盘的粉末，取其平均值，再用式(1－21)求分散度 D_s。

$$D_s=\frac{10-m}{10}\times 100\% \tag{1-21}$$

式中 m 为落在接料盘中粉体的质量。

(5)平板角(θ_s)的测定

①在升降台上放好托盘，将平板伸入托盘，并将待测样品缓缓洒在托盘中，直至埋没平板。加料时也可以先将样品加到 1 mm 的筛子上，然后再筛到试样盘中。

②加完料以后，轻轻扭动升降台旋钮，使升降台的高度缓缓降低，平板与试样盘完全分离，用测角器测定 3 处留在平板上的粉体所形成的角度，取平均值 θ_{s1}。

③用锤下落 1 次，冲击平板，再用测角器测定 3 处留在平板上的粉体所形成的角度，取平均值 θ_{s2}。

④平板角 θ_s 可按式(1－22)计算。

$$平板角\ \theta_s=(\theta_{s1}+\theta_{s2})/2 \tag{1-22}$$

1.8.2.5 实验结果与分析

将测定的数据分别记入表 1-8～表 1-12，并计算测定结果。

表 1-8 安息角、崩塌角和差角测定实验记录

项目	第 1 次测	第 2 次测	第 3 次测	平均值	指数值
安息角/(°)					
崩塌角/(°)					
差角/(°)					

表 1-9　松装密度和振实密度及压缩率测定实验记录

项目		松装密度(ρ_a)	振实密度(ρ_p)
空杯质量/g			
空杯容积/cm^3		100	
杯＋粉末质量/g	第 1 次测		
	第 2 次测		
	第 3 次测		
	平均值		
粉末质量/g			
密度/(g/cm^3)			
压缩率/%			
压缩率指数值			

表 1-10　均齐度测定实验记录

项目	第 1 次测	第 2 次测	第 3 次测	平均值
均齐度				
均齐度指数值				

表 1-11　分散度测定实验记录

项目	第 1 次测	第 2 次测	第 3 次测	平均值
粉末质量/g		10		
表面皿质量/g				
(表面皿＋粉末)质量/g				
分散度/%				
分散度指数值				

表 1-12　平板角测定实验记录

项目	第 1 次测	第 2 次测	第 3 次测	平均值
重锤滑落前角度/(°)				
重锤滑落后角度/(°)				
平板角角度/(°)				
平板角指数值				

1.8.2.6　思考题

①影响安息角的因素有哪些？如何减小安息角？有何意义？

②反映流动性的参数有哪些？

第2章　粉体的粉碎与分级

2.1　颚式破碎机产品粒度特性测定

2.1.1　实验目的

①熟悉破碎机的构造与操作方法。

②绘制破碎机产品粒度特性曲线，了解破碎机产品粒度特性。

2.1.2　实验原理

本实验选用的破碎机为颚式破碎机。颚式破碎机的构造简单，便于维修，能处理的物料块度范围较大。作为第一段破碎设备，颚式破碎机常用于粗碎和中碎难碎性及中等可碎性物料。其工作原理可简述为：可动颚板围绕悬挂轴对固定颚板做周期性的往复摆动；当可动颚板靠近固定颚板时，处于两颚板间的物料受到挤压和弯曲作用而被破碎；当可动颚板离开固定颚板时，已破碎的物料在重力作用下经出料口排出，而大于出料口尺寸的物料留在破碎腔内被再次破碎。

物料经过破碎后，按一定粒径范围分成若干粒级。在一批物料中，各粒级颗粒的相对质量数值称为这种物料的粒度组成（或称粒度特性）。实验室内一般采用试验筛，将筛子以水平状态摇动，筛面运动轨迹一般为圆形，筛分期间筛子应向一定方向旋转数次，以保持试样均匀分散在筛面上。经过两次筛分后，若物料量的差值不超过1 g，则认为筛分有效。

2.1.3　实验仪器与材料

颚式破碎机（SKF100×60）、试验筛（一套，筛孔分别为1 mm、3 mm、5 mm、7 mm、10 mm、15 mm、20 mm、25mm）、电子天平和小铁铲等。

矿渣和石灰石等。

2.1.4　实验步骤

①称重。分别称取0.5～1 kg矿渣和石灰石。

②破碎。调节出料口尺寸，启动颚式破碎机，正常运转后将矿渣或石灰石加入破碎机进行破碎（预先在出料口下面放好接料盆）。破碎后微振出料口，使残留

物落入接料盆。

③筛分。用试验筛筛分破碎产品(按筛孔减小顺序筛分)，称量记录筛分各粒级。筛分时上要有盖，下要有底。

注意：石灰石和矿渣两种试样应分别进行操作。

2.1.5　实验结果与分析

①筛分记录。

表 2-1　破碎产品筛分记录

粒径/mm	石灰石									矿渣								
	质量/g			质量分数/%			筛余累计百分数/%			质量/g			质量分数/%			筛余累计百分数/%		
	1	2	3	1	2	3	1	2	3	1	2	3	1	2	3	1	2	3
＞25																		
20～25																		
15～20																		
10～15																		
7～10																		
5～7																		
3～5																		
1～3																		
＜1																		
损失/%																		
合计																		

注：上表中粒径范围“＜1”表示 1 mm 筛下，“1～3”表示 1 mm 筛上、3 mm 筛下，“＞25”表示 25 mm 筛下。

②在直角坐标系中绘制产品的粒度曲线(以筛余累计百分数为纵坐标，以筛孔尺寸为横坐标)。

③根据②中绘制的曲线，查出粒径在 16～18 mm 的料块和粒径大于出料口尺寸的料块的百分数，计算最大料块的尺寸与出料口宽度的比值。

2.1.6　思考题

①颚式破碎机产品粒度特性曲线能反映哪些问题?

②破碎后的石灰石和矿渣的粒度有何区别? 原因是什么?

2.2 粉末原料的球磨

2.2.1 实验目的

①了解球磨的基本原理和过程。

②了解全方位球磨机的基本原理和特点，熟悉相关设备的结构。

③学习利用全方位球磨机进行球磨的操作，掌握必要的实验操作技巧。

2.2.2 实验原理

球磨过程是利用下落研磨介质（如钇稳定氧化锆磨球、钢球等）的冲击作用以及研磨介质与球磨容器内壁的研磨作用，将物料粉碎并混合的过程。当球磨容器（球磨罐）转动时，由于研磨介质与球磨内壁之间存在摩擦作用，容器会将研磨介质依旋转的方向带上后再落下，这样物料就连续不断地被粉碎。球磨是最常见的物料细磨和粉磨的形式，广泛地应用于工业生产和采矿加工等领域。实验室新型材料的研发过程中，球磨也是一种很重要的材料制备途径。

球磨的理论是随着材料工程应用的发展而逐步完善的。早期的普通滚筒式球磨机具备仪器结构简单、研磨细度和均匀度较好的特点，但是受限于运动形式，其研磨力度往往不够；而后来的普通行星式球磨机的研磨力度得到了提高，但是同样受限于运动形式，其研磨的均匀度往往不佳（尤其是物理性质相差比较大的多种材料进行混合时）。为了克服这些传统球磨形式的缺点，提高球磨的效率，近几年全方位球磨机开始逐渐普及。所谓全方位球磨机，是在普通行星式球磨机的基础上，将其行星式底盘设为可以活动且能够在行星式球磨的同时实现整个底盘的翻转运动。这种形式的球磨机可以认为是滚筒式球磨机和普通行星式球磨机的混合体。如图 2-1 所示为全方位球磨机的研磨工位与底盘。

图 2-1 全方位球磨机的研磨工位与底盘

2.2.3　实验仪器与材料

QM-QX2 型全方位球磨机、球磨罐(玛瑙材质或尼龙材质)、研磨介质(氧化锆、钢或其他材质)、天平(或电子秤)、搪瓷盘、塑料薄膜、滤网、烧杯(或专用称量纸)和不锈钢药匙等。

针对所要制备的多组元复合功能氧化物的组分,选择各种粉末状的试剂。以 $SrZn_2(PO_4)_2$ 材料的合成为例,本实验需要的试剂有磷酸二氢铵、碳酸锶、氧化锌、丙酮和乙醇等。

2.2.4　实验步骤

本实验的设计背景是采用固相反应法制备具备复杂组成的复合氧化物功能材料,其涉及的球磨过程需要考虑的问题较多,例如原料粗破碎、液体球磨剂的选择等。简单的球磨实验可以以此为基础进行简化。

(1)设定仪器

可采用制备陶瓷材料时常用的交替运行时间,如正向转动 10 min 后反向转动 5 min。球磨时间则可根据实验需要自定义,一般为 4 h。

球磨罐和本实验中所使用的其他容器在使用之前都要清洗、烘干。首先,用自来水冲洗干净,然后用去离子水润洗 2 次,之后再用乙醇润洗 1 次。清洗结束后,应及时用烘箱烘干(80 ℃)。烘干过程不可过久,应及时取出以备用。

(2)称量配料并装罐

计算并称取配料。注意:某些易结块的材料在称量之前还需要研磨过筛。当所称量的粉末材料的体积或质量比较大时,可以置于干净的小烧杯中进行称量,称好之后将其转入球磨罐中即可。

(3)添加球磨剂

选择球磨剂的首要原则是,球磨剂不能在球磨和后续的烘干过程中与研磨的材料发生作用,也不能溶解所要研磨的材料。本实验中涉及的磷酸二氢铵既能溶于水,也能溶于乙醇,因此,球磨剂选择丙酮。

在计算并选择球磨剂的添加量时,一般的原则是要求球磨完成后所形成的料浆均匀并且黏度合适,便于烘干,并且在烘干的时候不分层(有一种经验性的说法叫作“牛奶定则”,即要求球磨完成后料浆的黏度接近纯牛奶的黏度)。由于所要研磨的材料组成不同,其与料浆的相互作用也有差异,因此,合理的料浆比例大都为反复尝试得来的经验值。例如,研磨 PZT 类压电陶瓷,其物料、研磨介质与球磨剂的质量比一般为 1∶3∶1(这里先将球磨剂的密度大致等同于水的密度,再去确定其体积)。而具体到本实验,上述比例则为 0.85∶3∶2.9。

球磨剂添加好后应立即盖上盖子，防止挥发。在盖上盖子后，应在尽量短的时间内开始球磨；否则，球磨剂挥发将导致粉末出现沉积和固结，影响粉末的球磨质量。

(4)球磨

将封好的球磨罐对称放置于球磨机的工位上，球磨罐的质量应尽可能接近。利用配套夹具将球磨罐固定好之后，放下保护顶盖，然后打开机器开关(在整个球磨过程中，除了几个关键的检查环节外，原则上不能随意打开保护盖)，依据操作规程启动机器。球磨至规定时间后，当球磨盘恢复水平状态时，关闭机器，卸下球磨罐，立即进行后续的出料和烘干。

(5)出料

球磨过程中可准备出料器，通常使用内贴有塑料薄膜(面积足够大)的搪瓷盘，如图 2-2 所示。

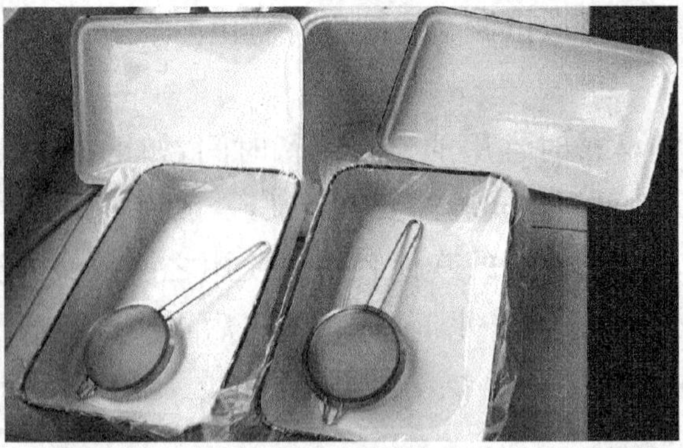

图 2-2 出料器配件

在球磨结束之前，设定鼓风干燥箱的温度并开启鼓风干燥箱，使其温度升高到适合烘干的温度(对于大多数有机球磨剂而言，设定温度为 80 ℃即可)。出料时，手持球磨罐，将其中料浆连同研磨介质慢慢倾倒至滤网上。料浆通过滤网流到搪瓷盘的薄膜上，摊平。

(6)烘干与密封

出料完成之后，在最短的时间内将装有料浆的搪瓷盘转移至鼓风干燥箱中，盖上搪瓷盘的盖子并留一条缝，以便球磨剂挥发。如果使用的是有机球磨剂，还需做好防火措施。待料浆干燥之后，需要扎紧塑料薄膜，防止其吸水回潮而变质。应指出的是，物料烘干之后应尽快进行后续的操作。

注意：球磨容器需及时清洗，否则料浆干燥后会牢牢地黏结在滤网和球磨罐内壁上，污染后续的球磨过程。其中，滤网可以利用超声波清洗机清洗，清洗完成后应及时烘干以备用。

2.2.5　实验结果与分析

球磨操作最主要的效果就是球磨前后总体平均粒径的减小，因此，可以通过测量不同时间后料浆中粉末颗粒的粒度分布，表征球磨效果。例如，针对不溶于水的材料，用去离子水作为分散剂，测试在球磨 10 min、20 min、30 min、40 min 后的粒度分布曲线，并将粒径分布最集中的五个区间的粒度范围和颗粒含量填入表2-2中。结合颗粒总体中位径的数值，说明随着球磨时间的延长，颗粒含量最多的粒度区间的变化趋势。

表 2-2　球磨________min 后粉末代表性粒度分布区间表

区间编号	1	2	3	4	5
粒度范围					
颗粒含量					

2.2.6　思考题

①列举球磨效果与球磨时间、装料质量比以及球磨转速的关系。

②将全方位球磨机与滚筒式球磨机和普通行星式球磨机进行比较，说明全方位球磨机的优势。

③在陶瓷配合料的制备过程中，配合料的颗粒细度和均匀度是比较重要的两个指标。球磨完成后的料浆一般要立即烘干，该操作对上述哪个指标影响更大？试解释原因。

2.3　邦德功指数的测定

2.3.1　实验目的

①了解邦德功指数的定义。

②掌握邦德功指数的测定方法。

2.3.2　实验原理

邦德功指数（Bond work index）可反映物料粉碎时功耗的大小，是评价矿石被磨碎的难易程度的一种指标。邦德功指数可用于指导选择粉碎设备的规格和研磨介质的尺寸，估算金属磨损，判断生产中磨矿设备的工作效率等。根据测试方法的不同，邦德功指数又可分为破碎功指数、棒磨功指数、球磨功指数和自磨功指数。

本实验参照《水泥原料易磨性试验方法(邦德法)》(GB/T 26567—2011)进行。用规定的球磨机对试样进行间歇式循环球磨，根据平衡状态的磨机产量、成品粒度、试样粒度和成品筛孔径，可按式(2—1)求试样的球磨功指数。

$$W_i = \frac{176.2}{d_{Pi}^{0.23} G_{bp}^{0.82}\left(\frac{10}{\sqrt{d_P}} - \frac{10}{\sqrt{d_F}}\right)} \quad (2-1)$$

式中：W_i 为球磨功指数(MJ/t)；d_{Pi} 为成品筛的筛孔尺寸(μm)；G_{bp} 为平衡状态下 3 个 G_j 的平均值(g/r)；d_P 为成品的 80%通过粒度(μm)；d_F 为试样的 80%通过粒度(μm)。

2.3.3 实验仪器与材料

功指数球磨机(图 2-3，内径为 305 mm，内长为 305 mm，转速为 70 r/min)、钢球(表 2-3，总质量不小于 19.5 kg)、试验筛、托盘天平、烘箱、毛刷、扳手、漏斗和量筒(图 2-4)等。

表 2-3 试验用钢球(285 个)

直径/mm	15.9	19.1	25.4	30.2	36.5
数量/个	94	71	10	67	43

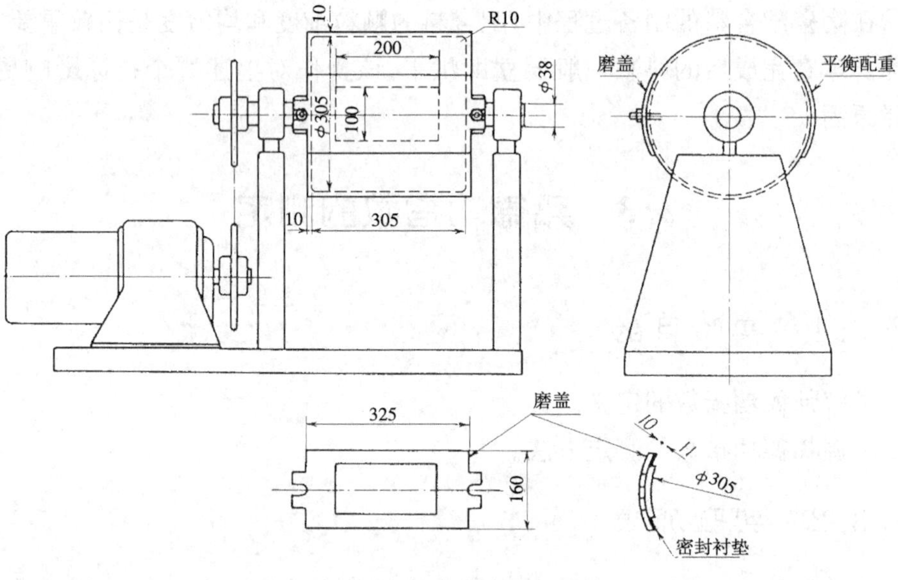

图 2-3 功指数球磨机(单位为 mm)

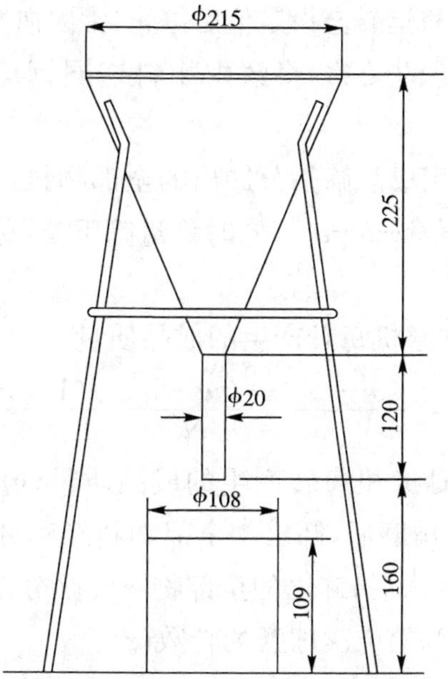

图 2-4　漏斗和量筒(单位为 mm)

2.3.4　实验步骤

(1)实验准备

①试验用球磨机的准备。卸下磨门，用毛刷或布拭去球磨机内表面上黏附的粉尘，锁紧机盖，确保垫片完整，无粉尘泄漏。用手缓慢转动球磨机，打开球磨机电源开关，设定好转数，然后启动球磨机。

②测定用钢球的准备。按表 2-2 的钢球级配检查钢球组成。新钢球需去油后装入球磨机内，加入约 700 mL 的硅砂，旋转 12 h，待表面完全发暗后再正式使用。

③试样的准备。使用颚式破碎机制备粒度小于 3.35 mm 的干燥物料(约 10 kg)，缩分出 5 kg 作为试样，其余作为保留样。将试样混匀，用规定的漏斗和量筒测定 1000 mL 松散试样的质量，求 700 mL 松散试样的质量。用筛孔尺寸为 1 mm 的试验筛将全部试样筛分成粗细两部分并称量，求得两部分试样的质量比。将粗细两部分试样各铺成长条形料堆(铺料沿纵向往复多层)，取料从一端横向截取。

(2)测试步骤

①按质量比称取粗细两部分试样(总质量为 500 g)，用筛分法测定其粒度分布，求试样的 80%通过粒度 d_F。准确称取 50 g 试样，用成品筛(用于从物料中分离成品的试验筛)进行筛分，确定其筛余率 r_0。

②按质量比称取粗细两部分试样(总质量为 700 mL 松散试样的质量，记为 w)，稍作混合后倒入已装钢球的球磨机中。根据经验选定球磨机第一次运行的转数(通常为 100～300 r)，调节计数器的设定值(软质物料取低值，硬质物料取高

值)。按启动按钮,使球磨机运转至设定值后停止(常因惯性多转 2~3 r,无妨碍)。

③运行球磨机至预定的转数,将磨内物料连同钢球一起卸出,扫清磨内残留物料。

④分离物料和钢球,用成品筛筛分卸出的全部物料,称量筛上粗粉质量 a_j,用总质量减去筛上量得筛下量($w-a_j$),同时称量筛下量(称量值与计算值间的差值不得大于 5 g)。

⑤按式(2－2)计算球磨机每转产生的成品质量。

$$G_j=\frac{(w-a_j)-(w-a_{j-1})(1-r_0)}{N_j} \tag{2-2}$$

式中:G_j 为第 j 次球磨后球磨机每转产生的成品质量(g/r);w 为 700 mL 松散试样的质量(g);a_j 为第 j 次球磨后,卸出的全部物料经筛分未通过成品筛的粗粉质量(g);a_{j-1} 为第 $j-1$ 次球磨后,卸出的全部物料经筛分未通过成品筛的粗粉质量(g),$j=1$ 时 a_{j-1} 为 0;N_j 为第 j 次球磨的转数(r)。

⑥以 250%的循环负荷为目标,按式(2－3)计算球磨机下一次运行的转数。

$$N_{j+1}=\frac{w/(2.5+1)-(w-a_j)(1-r_0)}{G_j} \tag{2-3}$$

⑦按质量比称取粗细两部分试样(总质量为 $w-a_j$),与筛上粗粉 a_j 混合后一起倒入已装钢球的球磨机。每次球磨时保证磨内有一定量(w)的试样。

⑧重复③~⑦的操作,直至达到平衡状态[连续 3 次球磨循环负荷都符合(250±5)%,且球磨机每转产生的成品质量的极差小于其平均值的 3%](图 2-5)。

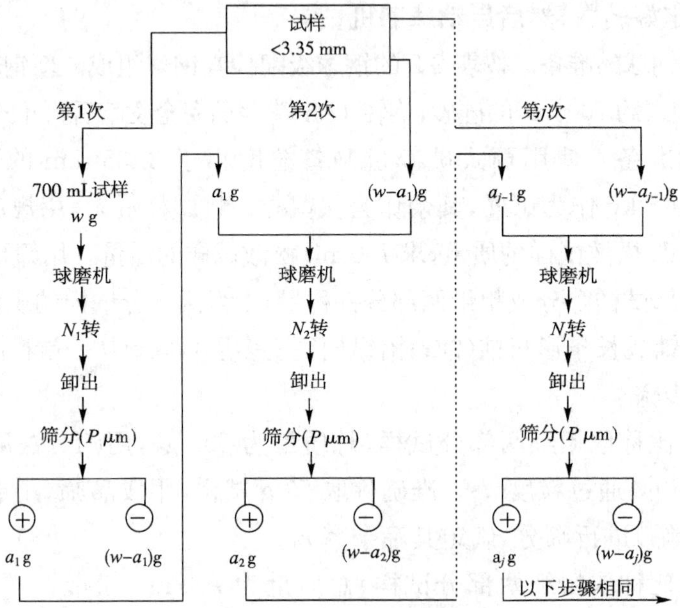

图 2-5 试验步骤示意图

⑨计算平衡状态下 3 个 G_j 的平均值。

(3)d_P的确定

将平衡状态下球磨所得成品混匀，测定其粒度分布，求成品的 80%通过粒度 d_P。

2.3.5 实验结果与分析

①将测试数据及有关的计算结果填入表 2-4 中。

表 2-4 邦德功指数的测定结果

w=________g　d_{Pi}=________μm　d_F=________μm　d_P=________μm

球磨次数	① 磨机转数	② 成品筛上量/g	③ 成品筛下量/g	④ 加入料量/g	⑤ 球磨前的筛下量/g	⑥ 球磨后增加的筛下量/g	⑦ G'	⑧ 下次预测转数
1								
2								
3								
4								
5								
6								
7								
8								
9								
10								
11								
12								

②邦德功指数 W_i 的计算。根据表 2-3 的数据，用式(2—1)求出 W_i。注意：表示球磨功指数时，应注明成品筛筛孔尺寸 d_{Pi}。例如：W_i=59.8 MJ/t(d_{Pi}=80 μm)。

2.3.6 思考题

①什么是循环负荷？

②测定邦德功指数的意义是什么？

③解释式(2—3)中各数字及符号的含义。

2.4 筛分效率的测定

2.4.1 实验目的

①掌握筛分效率的测定方法。

②熟悉振动筛的构造，掌握其工作原理。

③分析生产率与筛分效率的关系。

2.4.2 实验原理

筛分效率是表示筛子工作质量的一个指标，可用于表示筛分作业进行的程度和筛分产品的质量。筛分效率是指实际得到的筛下产品质量与筛分给料中小于筛孔尺寸粒级的质量之比，用百分数表示。

$$E' = \frac{C}{\alpha(T+C)} \times 10^4 \tag{2-4}$$

式中：E'为筛分效率(%)；C为筛下产品质量；α为给料中小于筛孔尺寸的细粒含量(%)；T为筛上物料质量。

实际生产中，筛分过程是连续进行的。故要直接称量给料质量和筛下产品质量是很困难的。因此，筛分效率可利用给料和筛上物料中小于筛孔尺寸的细粒含量(%)来表示。

$$E = \frac{\alpha - \theta}{\alpha(100-\theta)} \times 10^4 \tag{2-5}$$

式中：E为筛分效率(%)；θ为筛上物料中小于筛孔尺寸的细粒含量(%)。

筛分的理想状态是比筛孔小的颗粒都能透过筛孔，成为筛下物；而大于筛孔的颗粒则都留在筛上，成为筛上物。实际的筛分不可能达到理想状态，总有一部分尺寸小于筛孔的颗粒仍然留在筛上，导致不完全筛分。所以，筛分效率可用于反映筛分的完全程度，即筛分质量。

2.4.3 实验仪器与材料

振动筛、检查筛、台秤、料盆和秒表等。

2.4.4 实验步骤

①观察振动筛的构造，检查振动筛的运转状态。注意：不要靠近振动筛的转动部件。

②称取 5 kg 试样作为振动筛的给料。

③将称好的给料轻倒在振动筛筛面一半的位置，启动振动筛进行筛分；分别对筛上物料（T）和筛下物料（C）称重，其质量之和应与原物料质量相近，相对误差不超过 2%。注意：应在启动振动筛的同时开始测定试样在筛面上的停留时间 t。

④用检查筛对振动筛筛上物料（T）进行检查筛分，筛分完全后对检查筛筛下物料（T_C）进行称重，分别按式（2－6）、式（2－7）和式（2－8）求出振动筛给料中比筛孔小的物料的质量分数 α、筛上物料中比筛孔小的物料的质量分数 θ 和振动筛的生产率 Q，并用两种方法计算筛分效率。

$$\alpha=\frac{C+T_C}{C+T}\times 100\% \tag{2-6}$$

$$\theta=\frac{T_C}{T}\times 100\% \tag{2-7}$$

$$Q=\frac{C+T}{t} \tag{2-8}$$

⑤将实验物料重新混合均匀后作为振动筛的给料，轻倒在振动筛筛面端部，重复上述实验过程。

2.4.5　实验结果与分析

表 2-5　筛分效率与生产率计算表

实验	t/s	C/kg	T/kg	T_C/kg	α/%	θ/%	E/%	E'/%	Q/(t/h)
1									
2									
3									

2.4.6　思考题

①根据实验结果，分析生产率与筛分效率之间的关系。

②两种方法计算出的筛分效率是否相等？原因是什么？

第3章 粉体的化学合成

3.1 化学气相沉积法合成氧化铝单晶

3.1.1 实验目的

①了解化学气相沉积法的基本原理。

②掌握化学气相沉积法的基本操作。

③掌握粉末衍射和扫描电镜数据的分析和表述方法。

3.1.2 实验原理

微纳米结构的氧化铝具有优异的热化学稳定性和力学性能，在高温、强腐蚀等苛刻的环境下具有其他材料不可替代的作用。微纳米结构的氧化铝在航空、航天、电子、机械和化工等行业中呈现出广阔的应用前景，尤其在微纳米电子领域中，单个纳米构件可以用作结构功能元件，如纳米连接器件、纳米传感器和逻辑门等。

目前，气相沉积法被广泛应用于无机金属和非金属材料的合成中，如氧化物、硫化物、氮化物和碳化物的合成等。气相沉积法反应易控制，合成的材料具有较高的纯度和较为均匀的尺寸和形貌。气相沉积法合成晶体就是将拟生长的晶体材料通过升华、蒸发、分解等过程转化为气相，然后在适当条件下使其饱和，经冷凝结晶而生长成晶体。

气相沉积法按反应过程可以分为两种类型。

物理气相沉积(physical vapor deposition，PVD)：通过物理凝聚的方法将多晶原料经气相转化为单晶体，如升华-凝结法、分子束外延法和阴极溅射法。

化学气相沉积(chemical vapor deposition，CVD)：通过化学过程将多晶原料经气相转化为单晶体，如化学气相传输法、气体分解法、气体合成法和金属有机气相沉积法等。

化学气相沉积法按机制可分为两种类型。

(1)气相-液相-固相(vapor-liquid-solid, VLS)生长法

VLS生长法最初是为了解释硅晶须的生长过程而被提出的。经过发展，这种具有普遍性的晶体生长方法已被广泛用于生长各种单质或化合物晶须。在一

维纳米材料的生长过程中，反应物、催化剂熔融体和产物分别对应气相、液相和固相。其生长机制包括 3 个过程：a. 金属催化剂颗粒和反应物形成低熔点的合金液滴。b. 气态原子在气-液界面不断溶入合金液滴。c. 过饱和溶质在液-固界面以界面能最低的方式不断析出。这个过程不断持续，过饱和溶质不断从固-液界面以择优方向析出，长成一维纳米结构。基于 VLS 生长法生长的一维纳米材料有一个明显的标志，即材料顶部有作为催化剂的金属或合金颗粒，而且产物的直径由催化剂颗粒的尺寸决定。因此，可以通过控制催化剂颗粒的尺寸来控制一维纳米材料的直径。VLS 生长法要求反应物在催化剂中要有一定的溶解能力，反应物和催化剂必须先形成合金液滴。一维纳米材料合成温度在最低共熔点和一维纳米材料本身熔点之间，因此，可通过相图分析，有目的地选择合成温度、原料和催化剂，制备一元、二元甚至三元组分的一维纳米材料。

(2)气-固(vapor-solid，VS)生长法

在 VS 生长法中，首先通过热蒸发、化学还原、气相反应产生气体，随后该气体被传输并沉积在基底上。以这种方式生长的晶须经常被解释为以气-固界面上微观缺陷位错、孪晶等为形核中心生长出的一维材料。然而对大多数晶须的生长来说，控制其优先凝固析出的过饱和度才是关键，因为过饱和度直接决定晶体生长的形貌。原始的生长形貌(晶须、块体、粉末等)与过饱和度密切相关。低的过饱和度对应晶须的生长；中等的过饱和度对应块状晶体的形成；过饱和度过高时，则通过均匀成核生成粉末。因此，晶须的尺寸可以通过调节过饱和度、形核的尺寸以及生长时间等来控制。

本实验通过气相沉积法制备氧化铝单晶材料，考察反应温度和载气(氢气和氩气)流量及比例对产物物相和形貌的影响。

3.1.3　实验仪器与材料

中温真空气氛管式炉、刚玉舟、X 射线衍射仪和扫描电子显微镜等。

二氧化硅粉末、铝块、氢气(>99.9%)和氩气(>99.9%)等。

3.1.4　实验步骤

将铝块切成指甲大小的块状，利用砂纸打磨，在稀盐酸中浸泡 5～10 min，以除去铝片表面的氧化层。在刚玉舟内铺一层二氧化硅粉末，将处理过的铝块放在二氧化硅层上，然后将刚玉舟缓慢推入水平管式炉中，如图 3-1 所示。

实验过程中，需要设定的参数有升温时间、保温时间、反应温度和流量比，见表 3-1。所有实验中，升温时间为 1.5 h，保温时间为 4 h，刚玉管中反应压强为常压，通过控制反应温度以及气体流量比影响产物的物相和形貌。

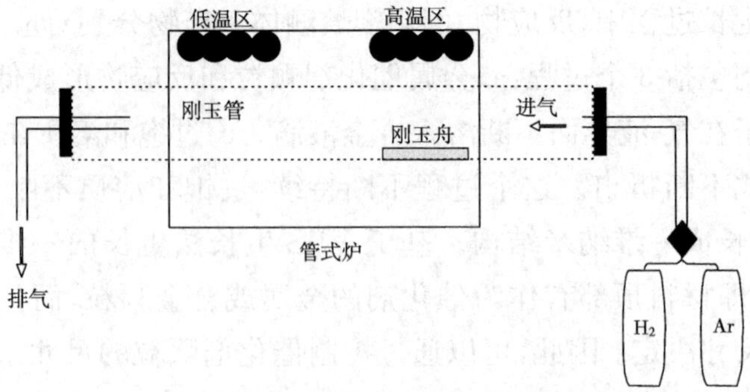

图 3-1 实验装置示意图

表 3-1 实验条件的设定

反应序列	升温时间/h	保温时间/h	反应温度/℃	H_2/Ar 流量比(sccm)
1	1.5	4	1380	200/0
2	1.5	4	1350	200/0
3	1.5	4	1300	200/0
4	1.5	4	1350	150/50
5	1.5	4	1350	0/200
6	1.5	4	1350	100/100

注:管式炉内压力为常压;sccm 为标准毫升/分。

3.1.5 实验结果与分析

①收集产品,计算产率。

理论产量:$m(Al_2O_3)=\frac{1}{2}[m(Al)/M(Al)]\cdot M(Al_2O_3)$

实测产量:$m_{测}=[m(Al)/M(Al)-2x]\cdot M(Al)+x\cdot M(Al_2O_3)$

理论产率:$n(\%)=x\cdot M(Al_2O_3)/m(Al_2O_3)\times 100\%$

式中:$m(Al_2O_3)$为氧化铝的理论质量;$m(Al)$为铝片的质量;x为理论上氧化铝的物质的量;$n(\%)$为氧化铝的理论产率。

②利用 X 射线衍射仪判断产物是否为目标产物。将产物放入样品槽内,利用 X 射线衍射仪对产物进行分析并与标准谱图进行对比。

③利用扫描电镜观察样品的形貌和尺寸大小。取少量产物,利用扫描电镜观察氧化铝单晶的形貌和尺寸大小,比较前驱体和产物之间的差异。

3.1.6 思考题

①氢气和氩气对产物组成和形貌的影响有什么不同?

②为什么要对铝块进行前处理?

③试解释气相沉积法合成氧化铝单晶的可能机制。

3.2　共沉淀法制备氧化镁部分稳定的氧化锆超细粉末

3.2.1　实验目的

①了解共沉淀法的原理。

②掌握利用共沉淀法制备氧化镁部分稳定的氧化锆超细粉末的操作。

3.2.2　实验原理

近代发展起来的特种矿物材料，如高性能的功能陶瓷和新型玻璃，要求原料有很高的纯度和超细的粒度。因此，这类矿物材料大多由人工合成，需要较高的投入，只适用于生产高性能的功能材料。

纯氧化锆的烧结体晶型是不稳定的：在升温过程中，1140 ℃时会发生由单斜相到四方相的转变，同时产生 7%的体积收缩，1400 ℃时会发生由四方相到立方相的转变；降温时又会发生反方向的相变。如果在氧化锆中掺入足量的氧化钇、氧化钙或氧化镁，可以使氧化锆在室温时也能保持稳定的立方相结构，晶型不再随温度变化。掺入的氧化钇、氧化钙或氧化镁为稳定剂。在常温下保持稳定立方晶型的氧化锆被称为全稳定的氧化锆(fully stabilized zirconia, FSZ)。

由于掺入的低价金属离子(Ca^{2+}、Mg^{2+}或 Y^{3+})在进入氧化锆晶格后会产生大量的氧离子空位，因此，在高温(>550 ℃)条件下，氧化锆允许氧离子通过氧离子空位迁移，形成氧离子导体。如果原料很纯净(特别是没有变价的金属离子杂质)，可以得到电子导电率很低的氧离子导体，可用于制作高温传感器(气体中的氧传感器)。

为了制作测定钢液中氧含量的传感器，要求氧化锆固体电解质管状元件具有很好的抗热冲击能力，以确保在突然插入 1700 ℃钢液的情况下不产生裂纹。此时，需要采用部分稳定的氧化锆(partially stabilized zirconia, PSZ)材料。

减少氧化锆中稳定剂的含量，可以得到部分稳定的氧化锆。常温下，在部分稳定的氧化锆烧结体中，3 种晶型(单斜、四方和立方)混合存在。升温过程中，元件的热膨胀可以被单斜相向四方相转变时的体积收缩所抵消(单斜相的比例合适时)。如果原料粉末很细小，烧结体中的晶粒也很细小，微小的单斜晶粒可以在稍低的温度(600～1000 ℃)条件下提前、逐步地发生相转变，大幅度降低热冲击带来的热应力。此外，微细的四方相晶粒(尺寸<0.2 μm 的四方相晶粒才能在室温下存在)有助于提高材料的韧性。烧结后，相变时产生的微裂纹也有助于阻止裂纹扩展。若烧结体晶粒细小，则可使元件强度得到提高。以上这些因素都有利于提

高元件的抗热冲击能力。

为了控制三相比例，除了严格控制烧结、热处理温度外，还必须准确地控制氧化锆中稳定剂(本实验中为氧化镁)的含量。另外，要求粉末粒度细小，且不允许带入杂质。因此，本实验中我们采用共沉淀法制备氧化镁部分稳定的氧化锆(MgO-PSZ)超细粉末。

氧氯化锆不溶于酸和碱，可以用酸来提纯(除去铁离子等杂质)。提纯后，将氧氯化锆溶于水，过滤，除去灰尘、二氧化硅等杂质；按需加入氯化镁，形成混合盐溶液。加入过量的氨水，形成氢氧化锆和氢氧化镁均匀混合的细小颗粒沉淀物。

$$ZrCl_4 + 4NH_3 \cdot H_2O \longrightarrow Zr(OH)_4 \downarrow + 4NH_4Cl$$

$$MgCl_2 + 2NH_3 \cdot H_2O \longrightarrow Mg(OH)_2 \downarrow + 2NH_4Cl$$

虽然氢氧化镁难溶于水，但其溶于水的部分会全部电离，因此，必须保持较高的碱性($pH>10$)，才能避免氢氧化镁流失。过滤后，用 $pH>10$ 的氨水淋洗沉淀物，可除去多余的氯化铵。向沉淀物中加入分散剂(如正丁醇、聚乙二醇等)，可避免粉体在热分解时结团。

在沉淀物加热分解过程中，低温时首先脱去水分子，然后剩余的氯化铵分解，最后生成锆镁复合氧化物。具体反应式如下：

$$NH_4Cl \longrightarrow NH_3 \uparrow + HCl \uparrow$$

$$Zr(OH)_4 \longrightarrow ZrO_2 + 2H_2O \uparrow$$

$$Mg(OH)_2 \longrightarrow MgO + H_2O \uparrow$$

3.2.3 实验仪器与材料

电子天平、烧杯、真空抽滤泵、布氏漏斗、锥形瓶、氧化铝坩埚、马弗炉、X 射线衍射仪和扫描电镜等。

氧氯化锆、氯化镁、氨水和蒸馏水等。

3.2.4 实验步骤

①取 500 g 氯氧化锆，置于 1000 mL 的容器中，加入 360 mL 蒸馏水，搅拌至完全溶解。

②洗净抽滤用的锥形瓶和布氏漏斗，垫好滤纸，抽滤；滤干后，用少许蒸馏水(约 20 mL)淋洗布氏漏斗，收集滤液。

③加入氯化镁(接产物中氧化镁含量为 2.2%计算加入量)，搅拌至完全溶解。

④共沉淀。

a. 缓慢加入 300 mL 氨水，同时不停地搅拌，防止沉淀结团，可补加氨水直至沉淀完全。取出少量清液，若加入氨水后不再有沉淀产生，表明沉淀完全。

b. 在布氏漏斗中垫滤布和滤纸，将沉淀物倒入布氏漏斗内，抽滤；滤干后，用氨水溶液淋洗 3 次，每次 50 mL。

c. 为进一步除去氯化铵，将滤饼转移至 1000 mL 烧杯中，加入 300 mL 氨水溶液浸泡，搅拌后静置，倒出上层清液，抽滤，收集滤饼。

⑤测定沉淀物中镁的含量，计算相应的氧化镁含量。

⑥干燥。向滤饼中加入分散剂，搅匀，蒸馏，干燥沉淀物，回收分散剂。

⑦热分解。将干燥的沉淀物置于氧化铝坩埚中，并将氧化铝坩埚放在马弗炉内；升温至480 ℃，保温1 h，使剩余的氯化铵分解；再升温至 600 ℃，保温 1 h，使氢氧化物分解完全；冷却后，得到氧化镁部分稳定的氧化锆超细粉末。称重，计算氧化锆的收率。

⑧使用 X 射线衍射仪对产物进行物相分析，使用扫描电镜对产物进行形貌分析。

3.2.5　实验结果与分析

①计算氧化锆的收率。

②对所得产物进行 XRD 和 SEM 表征，讨论所得产物的结构及形貌。

3.2.6　思考题

①制备陶瓷细粉和超细粉末可以采用什么方法？

②制备超细粉体对材料性能有何影响？

3.3　络合溶胶-凝胶法制备混合阳离子型磷酸盐

3.3.1　实验目的

①掌握利用络合溶胶-凝胶法制备磷酸盐材料的操作流程。

②通过分析液相合成过程中溶胶的均匀度以及沉淀生成与否等指标来评价所制备的粉末的质量。

3.3.2　实验原理

利用溶胶-凝胶法制备复合氧化物材料的基本原理是：首先选择含有目标成分的有机化合物或者无机化合物作为前驱体，分别用不同的溶剂溶解上述原料。例如，酯类化合物和金属醇盐可溶于有机溶剂（如乙醇），而无机盐类则可溶于水。然后加入催化剂等物质，使混合体系发生水解、缩合等化学反应，在溶液中形成稳定的溶胶体系。溶胶再经过陈化可以使胶粒间进行缓慢的缩合，此时即形成具有三维立体网络结构的凝胶。最后，凝胶经过干燥、煅烧、研磨等步骤制成目标化合物。溶胶-凝胶法的合成过程如图 3-2 所示。按照产生溶胶和凝胶的机制及采用的原料，溶胶-凝胶法可分为 3 类：基于无机盐的溶胶-凝胶法、基于金属醇盐的溶胶-凝胶法和基于有机络合剂的络合溶胶-凝胶法。

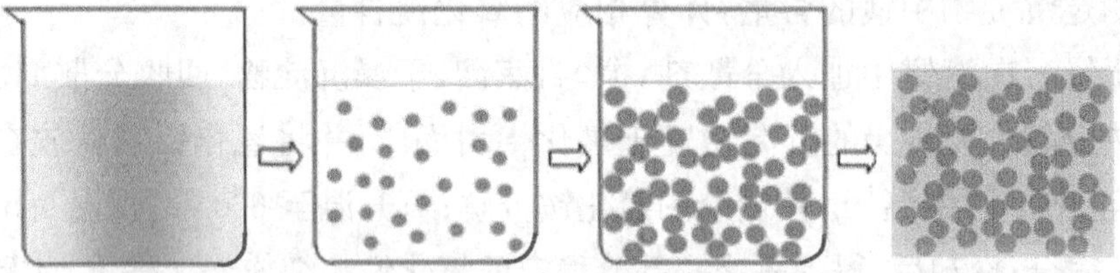

图 3-2 溶胶-凝胶法的合成过程

络合溶胶-凝胶法是在配制的金属盐水溶液中加入络合剂，利用络合反应使溶液形成均匀的溶胶，再通过陈化和蒸发干燥，使溶液浓缩形成凝胶，最后对凝胶进行煅烧处理得到超细粉末。与一般性的溶胶-凝胶法类似，络合反应可使金属阳离子均匀地分布在凝胶中，最终形成的粉末具有较好的分散性和均匀性。络合溶胶-凝胶法一般使用的络合剂有乙酸、柠檬酸、甘氨酸和乙二胺四乙酸等。另外，为了防止团聚的产生，通常还需要加入分散剂（如乙二醇），以进一步减小成品粉末的粒径，增大粉末的比表面积。络合溶胶-凝胶法最大的优势就是利用的原料均为简单的无机盐类，能够避免使用成本高的金属有机盐类，因此，能够有效地降低成本。尽管影响络合溶胶-凝胶法制备过程的因素比较多，如溶液的浓度、反应的温度、所制备物质的类型和反应液的 pH 等，但是通过优化实验条件，仍然能够获得性能稳定的产品。该方法适用性较广，可用于制备多种复合氧化物功能材料，如磷酸盐、钒酸盐和钨酸盐等，具有良好的应用前景。

3.3.3 实验仪器与材料

数显恒温磁力搅拌器（含搅拌子）、恒温鼓风干燥箱、马弗炉、电子天平、激光粒度分析仪、X 射线衍射仪（可选）、容量瓶（100 mL）、烧杯（250 mL）、滴瓶、大号培养皿（或搪瓷盘）、玻璃棒和 80 目标准筛（附筛刷和筛盒）等。

操作者可根据所要制备的混合阳离子型磷酸盐的类型，选择使用以下试剂：硝酸锶、硝酸镁、硝酸锌、碳酸锶、氧化镁、氧化锌、磷酸二氢铵、硝酸、乙酸、氨水、乙二醇、柠檬酸和乙二胺四乙酸等。

3.3.4 实验步骤

①溶液的配制。称取硝酸锶、硝酸镁、硝酸锌、磷酸二氢铵等盐类并分别置于

烧杯中，加入少量去离子水溶解，转移至容量瓶中定容，贴上标签备用(浓度为 0.6～1 mol/L)；也可选择用硝酸或乙酸溶解上述盐类。制备不同组成的产物应选用不同浓度的溶液：制备 $SrMg_2(PO_4)_2$ 时浓度应稍高，而制备 $SrZn_2(PO_4)_2$ 时浓度应偏低。

②溶液的混合与搅拌。以制备 $SrMg_2(PO_4)_2$ 为例，首先吸取 50 mL 镁盐溶液，置于 250 mL 烧杯中，搅拌并加热，待温度达设定温度 80 ℃后，加入柠檬酸(通常要求所用柠檬酸物质的量与目标化合物中低价金属阳离子总物质的量相同，即络合比为 1∶1)，搅拌 10 min；然后按照比例加入硝酸锶溶液，加入一定量的乙二醇(一般保持乙二醇与柠檬酸的比例为 1∶4)，搅拌 0.5 h。制备其他磷酸盐的操作流程同上。注意：以上比例均为物质的量比。

③溶胶的生成。按照化合物元素比例，缓慢滴加一定量的磷酸二氢铵溶液。在此过程中，若制备的是 $SrZn_2(PO_4)_2$，一开始会有沉淀产生，但是随着络合反应的进行，沉淀会消失。缓慢滴加氨水或者稀酸，调节体系 pH 并注意观察溶液变化。制备 $SrZn_2(PO_4)_2$ 时，pH 调至 2；制备 $SrMg_2(PO_4)_2$ 时，pH 调至 6。在此过程中，溶液会慢慢变浑浊，同时黏度增大。应指出的是，由于阳离子不同，这类凝胶的稳定性相差也非常大。例如，$SrMg_2(PO_4)_2$ 凝胶在体系的 pH 升至近 7 时都能够稳定存在，而 $SrZn_2(PO_4)_2$ 凝胶稳定性则较差，必须在强酸性环境下才能保持稳定，否则会有沉淀出现。因此，在胶粒形成过程中，需要适当滴加高浓度酸以维持一定的酸度。注意：添加的酸应与原料盐中对应的酸种类一致。

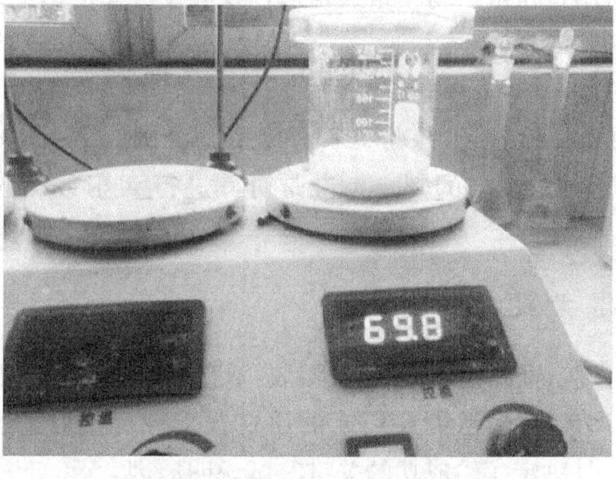

图 3-3　均匀湿凝胶体系的形成

④凝胶的检验。搅拌 0.5 h 后，用玻璃棒蘸取少量溶液，观察其拉丝情况，借此判断溶液的黏度。随着搅拌时间的延长，溶液黏度增大，拉丝逐渐明显。继续搅拌 3～4 h，达合适的黏度之后停止搅拌，得到湿凝胶。

⑤凝胶的干燥。将浓缩后的凝胶平铺于培养皿中，如图 3-4 所示，放入恒温鼓风干燥箱中，105 ℃干燥 3 h，得到白色的干凝胶。

图 3-4　制备完成的湿凝胶

⑥高温煅烧。将表面皿上的干凝胶刮下，破碎，过 80 目筛，置于氧化锆陶瓷坩埚中，放入马弗炉中，升温至 400 ℃保温煅烧 20 min，然后升温至 800 ℃保温煅烧 2 h，之后自然冷却降温，得目标产品。

制备其他组成的目标化合物时，可在上述过程的基础上，进一步摸索最佳合成条件，考察络合比的变化、络合剂的类型、原料的变化等对所制备凝胶的均匀性的影响，以及对所制备粉末的物相组成均匀性及粒度分布的影响。

3.3.5　实验结果与分析

目标产物的质量检验除了观察其外观（残余碳是否排净）、测试其硬度（是否蓬松多孔）之外，主要的判定标准是对其进行 X 射线衍射分析以鉴定物相（是否单一）。

3.3.6　思考题

①与传统的溶胶-凝胶法相比，络合溶胶-凝胶法的原理有何不同？

②利用络合溶胶-凝胶法制备粉末的质量与溶胶和凝胶的生成质量密切相关，其中哪个指标是决定实验成功的关键？试说明原因。

3.4　Stöber 法制备二氧化硅微球

3.4.1　实验目的

①掌握 Stöber 法的实验原理。

②掌握 Stöber 法的操作流程。

③能够通过改变反应条件制备不同尺寸的二氧化硅微球。

3.4.2　实验原理

在 Stöber 法制备二氧化硅微球的试验中，影响反应的因素有很多，如水解反应中硅源浓度、氨水浓度、水的量、水解温度及搅拌速度等。

本实验是在碱性环境中，使正硅酸乙酯（tetraethoxysilane，TEOS）水解缩合，制备二氧化硅微球，反应分为两步。

第一步，水解反应。

$$Si(OC_2H_5)_4+4H_2O = Si(OH)_4+4C_2H_5OH$$

第二步，缩合反应。

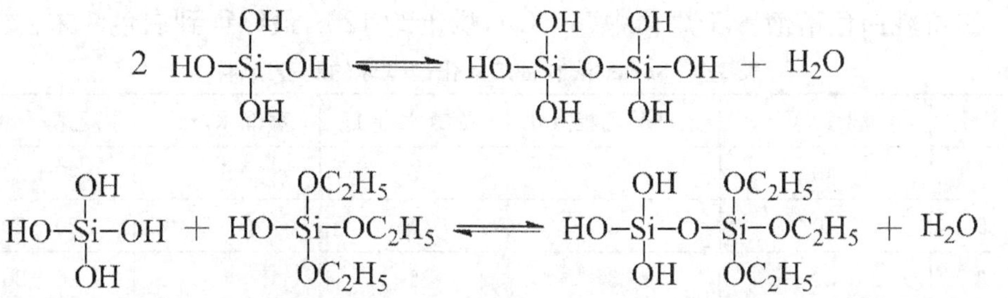

第一步，正硅酸乙酯水解形成羟基化的产物和相应的醇（水解不一定完全）。第二步，硅酸之间或硅酸与不完全水解产物之间发生缩合反应，而不完全水解产物上的乙氧基有可能继续水解，然后再与硅酸反应。实际上，第一步和第二步的反应是同时进行的。因此，要独立地描述正硅酸乙酯的水解和缩合反应过程几乎是不可能的。不断的水解及缩合反应形成了球状的二氧化硅颗粒。通过上述反应式，可以推测颗粒的表面连接有大量未反应的硅羟基。

3.4.3　实验仪器与材料

圆底烧瓶、滴液漏斗、滴管和数显恒温磁力搅拌器等。

正硅酸乙酯、乙醇、浓氨水（28%）和蒸馏水等。

3.4.4 实验步骤

实验流程如图 3-5 所示。

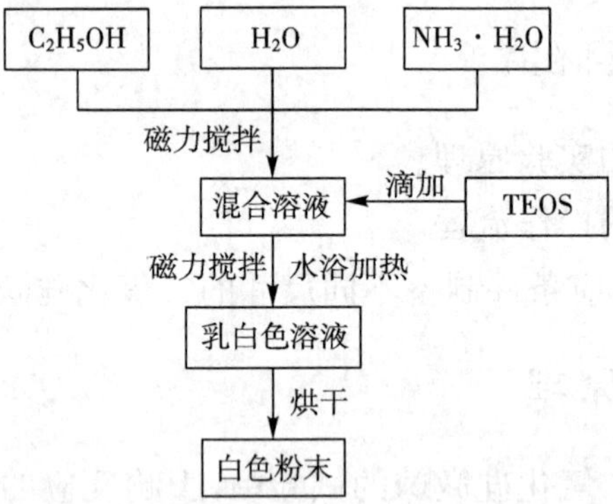

图 3-5 Stöber 法制备二氧化硅微球的流程图

①按表 3-2 中的量向圆底烧瓶中加入乙醇(20 mL)、蒸馏水和浓氨水，在规定温度下搅拌 10 min。

②向滴液漏斗中加入乙醇(20 mL)和正硅酸乙酯，振摇，使两者混合。将混合液滴加至上述圆底烧瓶中，搅拌 2 h，得到乳白色溶液。注意：正硅酸乙酯须提前溶解于 20 mL 乙醇，以形成溶液。

③将乳白色溶液置于烘箱中(60 ℃)，烘干约 12 h，最终得到白色粉末。

表 3-2 Stöber 法制备二氧化硅微球的制备条件

序号	温度/℃	正硅酸乙酯/mL	浓氨水/mL	蒸馏水/mL	乙醇/mL
1	40	3	5	5	20+20
2	40	8	5	5	20+20
3	20	3	5	5	20+20
4	40	3	5	10	20+20
5	40	3	10	5	20+20

3.4.5 实验结果与分析

通过扫描电镜观察粒子形态，测量粒径大小，分析不同条件对粒径的影响。

3.4.6 思考题

①请从生长机理方面思考为什么 Stöber 法制备的二氧化硅粒子是球状的。

②为什么添加正硅酸乙酯前要将其先溶于乙醇？

3.5　水热法制备硫化锌纳米粒子

3.5.1　实验目的

了解水热法制备硫化锌纳米粒子的方法。

3.5.2　实验原理

水热法是指在密封的压力容器中，以水作为溶剂，通过溶解和再结晶制备材料的方法。与其他粉体制备方法相比，水热法具有产品晶粒发育完整、粒度小、分布均匀、颗粒团聚程度较轻、成本较低和形状可控等优点，尤其在制备陶瓷粉体方面优势更为显著：不需高温煅烧处理，避免了煅烧过程中晶粒长大、缺陷形成和杂质引入等问题，制得的粉体具有较高的烧结活性。

水热法的主要特点如下：

①水热条件下，由于反应物和溶剂的活性提高，有利于某些特殊中间态及特殊物相的形成，因此，可能合成某些具有特殊结构的新材料。

②水热条件有利于某些晶体的生长，可获得纯度高、取向规则、形态完美、非平衡态缺陷尽可能少的晶体材料。

③产物粒度较易于控制，分布集中，可采用适当措施尽可能减少团聚。

④改变水热反应条件可能形成具有不同晶体结构和晶体形态的产物，有利于低价、中间价态与特殊价态化合物的生成。

水热反应制备硫化锌纳米晶体的反应式如下：

$$Zn(CH_3COO)_2 \cdot 2H_2O + Na_2S = ZnS + 2CH_3COONa + 2H_2O$$

水热反应的条件，如反应物浓度、温度、反应介质的 pH 和反应时间等，对反应产物的物相、形状、粒子尺寸及其分布和产率均有重要影响。

当反应介质的酸度较高时，乙酸锌会水解。因此，必须在碱性条件下进行，以氨水调节 pH 为 9～10，抑制水解。

3.5.3　实验仪器与材料

不锈钢反应釜(具有聚四氟乙烯衬里)、磁力搅拌器、分析天平、干燥箱和 pH 计等。

乙酸锌、硫化钠、尿素和氨水等。

3.5.4　实验步骤

①将 3 mmol 乙酸锌溶于 20 mL 蒸馏水，在搅拌的同时向溶液中逐滴滴入氨

水，滴加速度为 1 mL/min，调节溶液的 pH 为 9～10。

②将上述溶液移入容积为 50 mL 的带聚四氟乙烯内衬的反应釜中，再向反应釜中加入 4.5 mmol 硫化钠和 21 mmol 尿素，将密封的反应釜放入干燥箱中，在 160 ℃条件下保温反应 24 h。

③反应结束后，自然冷却至室温，用蒸馏水对产物进行多次洗涤，然后在 80 ℃条件下干燥 4 h。

④称量所得产物质量，计算产率。

3.5.5 注意事项

①磁力搅拌器的转速要调到最大，氨水的滴加速度要慢，测量溶液 pH 要用 pH 计。

②反应釜所装液体的量不应超过反应釜体积的 60%。

③加入硫化钠和尿素时要注意，先等硫化钠完全溶解后再加入尿素。

3.5.6 实验结果与分析

对所得产物进行 XRD 和 SEM 分析，讨论所得产物的结构构型，观察产物的形貌，并计算产率。

3.5.7 思考题

①本实验中加尿素的作用是什么？

②计算产率时应以乙酸锌为准，还是以硫化钠为准？

3.6 纳米羟基磷灰石的制备

3.6.1 实验目的

①掌握化学沉淀法制备纳米羟基磷灰石的基本原理和主要工艺。

②能够通过改变实验条件制备不同尺度的纳米羟基磷灰石粉体。

③了解利用 XRD 和 SEM 等检测手段对粉末样品进行结构和形貌表征及分析的方法。

3.6.2 实验原理

生物材料在当今生物医学领域有重要的应用，羟基磷灰石是其中一种非常重要的无机生物材料。羟基磷灰石（hydroxyapatite，HA）是人体骨骼和牙齿的主要无机成分，其分子式为$Ca_5(PO_4)_3(OH)$，常写作$Ca_{10}(PO_4)_6(OH)_2$。由于人工合成的羟基磷灰石化学成分和晶体结构与人体骨骼中的羟基磷灰石基本相同，因此，具有良好的生物相容性和生物活性，是一种优良的硬组织替代材料。纳米粒子结构独特，可表现出传统材料和器件不具备的特殊性能。纳米羟基磷灰石可以克服传统羟基磷灰石材料脆性大、韧性不足和力学性能差等缺点，可用作硬组织替代材料(用于负重部位长干骨的缺损修复)，也可用作环境材料、吸附材料和催化材料等，具有广泛的应用前景。

(1)实验基本原理

纳米羟基磷灰石的合成方法主要有水热法、溶胶-凝胶法、化学沉淀法和微乳液法等。其中，化学沉淀法具有对实验条件要求不高、反应易于控制和制得的粉体粒度均匀等优点，是实验室制备纳米羟基磷灰石粉末最常用的方法之一。该方法采用固体粉末原料，通过在液相中均匀混合并进行化学反应，形成溶胶体系，再经过多次洗涤、干燥等工序处理制成粉末。因此，该方法合成的羟基磷灰石粉末的性能和粒度在很大程度上受合成工艺条件的影响。

本实验主要以硝酸钙、磷酸氢二铵和氨水为原料，制备纳米羟基磷灰石粉末。

$$(NH_4)_2HPO_4 + NH_3 \cdot H_2O \longrightarrow (NH_4)_3PO_4 + H_2O$$

$$3(NH_4)_3PO_4 + NH_3 \cdot H_2O \longrightarrow (NH_4)_{10}(PO_4)_3 \cdot OH$$

$$2(NH_4)_{10}(PO_4)_3 \cdot OH + 10Ca(NO_3)_2 \longrightarrow Ca_{10}(PO_4)_6(OH)_2 + 20NH_4NO_3$$

总反应式为：

$$10Ca(NO_3)_2 + 6(NH_4)_2HPO_4 + 8NH_3 \cdot H_2O \longrightarrow Ca_{10}(PO_4)_6(OH)_2 + 20NH_4NO_3 + 6H_2O$$

(2)实验条件的选择

羟基磷灰石结晶过程是一个复杂的相变过程，受热力学和动力学条件等的影响。影响化学沉淀法制备纳米羟基磷灰石的工艺参数主要有反应过程中的Ca/P摩尔比、pH、反应物浓度和滴加速率、反应温度和烧结温度等。

①Ca/P摩尔比。由羟基磷灰石的分子式可知，理论上，反应生成羟基磷灰石所需原料的Ca/P摩尔比应为5∶3(约为1.667)。一般认为，当Ca/P摩尔比为1.45～1.55时，产物为β-磷酸钙；当Ca/P摩尔比为1.55～1.67时，产物为羟基磷灰石和β-磷酸钙；当Ca/P摩尔比为1.67～1.7时，产物为羟基磷灰石；当Ca/P摩尔比大于1.7时，产物为羟基磷灰石和氧化钙。因此，在制备纳米羟基磷灰石时，通常需要准确控制原料的Ca/P摩尔比为1.67～1.68。

②pH。在化学沉淀反应过程中，磷酸根的水解与溶液pH有关。在不同的pH条件下，磷元素在溶液中的存在形式有所不同，而不同的存在形式又将影响产物的组成及羟基磷灰石成核速度和晶体的定向排列，最终影响产物的晶体完整性。因

此，反应溶液的 pH 是羟基磷灰石合成中的一个重要影响因素。羟基磷灰石的生成，经历由磷酸八钙[$Ca_8H_2(PO_4)_6 \cdot 5H_2O$]先转化为非晶态磷酸钙[$Ca_8(PO_4)_2 \cdot xH_2O$]，再转化为缺钙磷灰石[$Ca_{10-z}(HPO_4)_z(PO_4)_{6-z}(OH)_{2-Z} \cdot x\ H_2O$]，最终生成羟基磷灰石[$Ca_{10}(PO_4)_6(OH)_2$]的复杂转变过程。由上述几种物质的组成可知，pH 增大，OH^- 浓度增加，有利于转变生成羟基磷灰石。

③反应物浓度和滴加速率。反应物的浓度过高也会在一定程度上影响反应过程。当溶液浓度较高时，可以通过适当降低滴加速率来控制过饱和度及沉淀生成的速率。同时，保持剧烈的搅拌可使溶液充分混合，保证均匀成核。一般情况下，溶液浓度不宜过高，以 0.5～3 mol/L 为宜。

过饱和度是影响成核速率和核生长速率的主要因素之一。在制备纳米羟基磷灰石的过程中，通常是分别配好相应浓度的钙盐和磷酸盐溶液，然后调节至适当的 pH，将磷酸盐溶液滴加至钙盐溶液中参与反应。滴加溶液时，滴入处的局部将产生很大的过饱和度，使成核和晶核的生长速率分布不均，不利于得到粒度分布均匀的结晶，因此，需要通过搅拌提高混合速度，使反应物的分布尽快趋于均匀。另一方面，过快的滴加速率易使未完全解离的 HPO_4^{2-} 直接参与反应，影响产物纯度。通常情况下，磷酸盐溶液的滴加速率不宜超过 100 mL/min。

④反应温度。温度升高会影响羟基磷灰石的溶度积、成核时的过饱和度、成核速度及其与粒子定向排列速度的比值，因而影响晶体的尺寸和结晶度。通常情况下，反应温度要控制在 20～60 ℃，温度过高易出现其他杂质。

⑤表面活性剂的种类。由于纳米粒子比表面积很大，具有小尺寸效应、表面效应，表面活性很高，热力学不稳定，易发生团聚，因此，很难制备具有一定晶态、分散性和稳定性良好的纳米羟基磷灰石，其应用也受到了一定的限制。纳米粒子的稳定性是纳米羟基磷灰石制备和应用的关键。添加适宜的表面活性剂是解决纳米微粒团聚问题及控制晶形和尺寸的有效手段，常用的表面活性剂有聚乙二醇、聚乙烯醇、吐温-80 和双十二烷基二甲基溴化铵等。

⑥陈化时间。陈化是沉淀反应中的一个重要的过程，是指沉淀完全后，将初生成的沉淀与母液一起静置一段时间。其目的是去除沉淀中包藏的杂质，让沉淀晶体生长，增大晶体粒径，并使其粒径分布均匀。在制备纳米羟基磷灰石的过程中，一般要室温陈化 12～24 h。因此，陈化时间的选择将对产物颗粒的大小和形态等产生重要影响。

⑦烧结温度。化学沉淀法制备的羟基磷灰石粉体结晶性较差，因此，干燥后需要对粉体进行高温烧结，以提高羟基磷灰石的结晶性。通常情况下，烧结温度在 900～1300 ℃时能得到结晶良好的羟基磷灰石粉末。随烧结温度的提高，晶体尺寸变大，结晶度也会提高。一般认为，羟基磷灰石的最高烧结温度为 1300 ℃。

若温度继续升高，则羟基磷灰石分解为磷酸钙、磷酸四钙和水。

实验过程中，可对不同条件下合成的羟基磷灰石的产量、质量和形态等进行分析，适当改变反应条件，对制备过程进行调控，以制得不同规格的纳米羟基磷灰石粉体。

3.6.3　实验仪器与材料

烧杯、玻璃棒、磁力搅拌器、量筒、滴液漏斗、pH 试纸、布氏漏斗、循环水式真空泵、滤纸、研钵、鼓风干燥箱、马弗炉和电子天平等。

硝酸钙[$Ca(NO_3)_2 \cdot 4H_2O$]、磷酸氢二铵、氨水(25%～28%)、聚乙二醇-2000和蒸馏水等。

3.6.4　实验步骤

(1)纳米羟基磷灰石粉末的制备

①配料。称取 5.91 g 硝酸钙，置于 100 mL 烧杯中，加入 50 mL 蒸馏水，搅拌至溶解完全，得到 0.5 mol/L 钙盐溶液。按 Ca/P 摩尔比为1.67称取 1.98 g 磷酸氢二铵，置于 100 mL 烧杯中，加入 40 mL 蒸馏水，用玻璃棒搅拌至溶解完全，得到磷酸盐溶液。

②反应。向钙盐溶液中加入一定量的氨水，开启磁力搅拌器进行搅拌，调节 pH 至 10 左右。将磷酸盐溶液加入 100 mL 滴液漏斗中，慢慢滴入钙盐溶液中(滴加速率以每秒 1～2 滴为宜)，室温搅拌(图 3-6)。每隔 10 min 测定溶液 pH，补加氨水使溶液 pH 维持在 10 左右。

③陈化。待溶液滴加完毕，加入 0.5 g 聚乙二醇-2000，继续搅拌 30 min，然后停止搅拌，70 ℃静置陈化 3～5 h。

④抽滤。对陈化后的沉淀进行抽滤，用蒸馏水洗涤滤饼至滤液为中性。

⑤干燥。将得到的滤饼放入鼓风干燥箱中，120 ℃干燥至恒重。

⑥研磨，过筛。研磨干燥后得到的固体，过 200 目筛。

⑦高温煅烧。将过筛后的粉体置于马弗炉中煅烧处理(900 ℃保温 60 min)，得纳米羟基磷灰石粉末。

(2)纳米羟基磷灰石粉末的物相分析和形貌表征

使用 X 射线衍射仪对产物进行物相分析，使用扫描电镜对产物进行形貌分析。

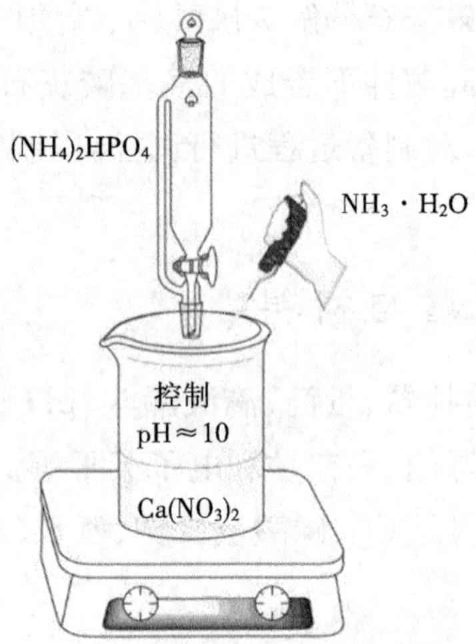

图 3-6 羟基磷灰石合成装置示意图

3.6.5 实验结果与分析

①计算纳米羟基磷灰石产率。

实际产量=__________ g。理论产量=________g,产率=________%。

②纳米羟基磷灰石的物相分析和形貌表征。

a. 分析 XRD 结果;b. 分析 SEM 结果(晶体形状、粒径大小和尺寸分布均匀程度等)。

3.6.6 思考题

①陈化在化学沉淀法合成纳米羟基磷灰石中的作用是什么?

②用什么方法干燥可以减少纳米羟基磷灰石的团聚?

3.7 氧化锌纳米微晶的制备

3.7.1 实验目的

①了解溶胶-凝胶法制备纳米微晶的实验原理。

②掌握溶胶-凝胶法制备氧化锌纳米微晶的原理和方法。

③了解反应条件对实验产物形貌的影响,掌握产物表征分析的方法。

3.7.2 实验原理

氧化锌是Ⅱ-Ⅵ族宽禁带直接带隙半导体材料,其室温带隙能量为 3.37 eV,

在无机半导体材料中激子束缚能最高(60 eV),是一种重要的商用电子器件材料。纳米晶粒由于尺寸小,金属费米能级附近的电子能级由准连续变为离散能级,使能隙变宽。量子尺寸效应和表面效应使纳米氧化锌在力、光、电、磁敏感性等方面具有一般氧化锌体材料不具备的特殊性能,因而在国防、电子、化工、核技术、冶金、航空、轻工和医药等领域具有重要的应用价值。

纳米氧化锌粉体的制备方法有多种,主要有化学沉淀法和溶胶-凝胶法等。溶胶-凝胶法是目前最有潜力的方法,具有以下优点:a. 制备出的粉体分布均匀,纯度高,晶体尺寸小,活性大。b. 工艺简单,成本低,利于成批生产。c. 过程易于控制,有良好的开发前景。

溶胶-凝胶法制备氧化锌常用的原料是可溶性的锌盐,如硝酸锌和乙酸锌。本实验以乙酸锌为原料,以柠檬酸三铵为改性剂,以氨水为胶溶剂,实验方法简单,经过煅烧处理就可得到氧化锌纳米微晶,而且可以通过调控 Zn^{2+} 与 OH^- 的摩尔比控制氧化锌纳米材料的形貌。

3.7.3　实验仪器与材料

恒温水浴锅、磁力搅拌器、马弗炉、温度计、烧杯、烧瓶和电子天平等。

乙酸锌、柠檬酸三铵、无水乙醇、氨水和蒸馏水等。

3.7.4　实验步骤

①在烧杯中配置 0.2 mol/L 乙酸锌溶液(乙酸锌和柠檬酸三铵物质的量比为 1∶1),在搅拌加热的条件下,加入无水乙醇。

②2 h 后乙酸锌完全溶解,生成氢氧化锌沉淀。加入适量的氨水,氢氧化锌沉淀消失,形成氢氧化锌溶胶,静置后变为氢氧化锌湿凝胶。

③将湿凝胶干燥后,分别置于100 ℃、300 ℃、500 ℃、700 ℃和900 ℃的马弗炉中热处理 2 h,得到白色的氧化锌纳米微晶。

④使用 X 射线衍射仪对产物进行物相分析,使用扫描电镜对产物进行形貌分析。

3.7.5　实验结果与分析

①计算氧化锌纳米微晶产率。

实际产量=________g,理论产量=________g,产率=________%。

②氧化锌纳米微晶的物相分析和形貌表征。

a. 分析 XRD 结果;b. 分析 SEM 结果(晶体形状、粒径大小和尺寸分布均匀程度等)。

3.7.6 思考题

①氨水与锌盐的浓度比及反应时间、反应温度对产物有何影响?

②为什么本实验能够直接得到氧化锌晶体而不是氢氧化锌?

3.8 化学还原法制备纳米金属粉体

3.8.1 实验目的

①了解制备金属粉末的基本方法。

②掌握化学还原法制备纳米金属粉体的原理。

③掌握纳米铜粉和纳米银粉的表征方法。

3.8.2 实验原理

纳米材料是指在三维空间中至少有一维处于纳米尺寸(1～100 nm)的材料或由它们作为基本单元构成的材料,是近年来材料科学与工程的新兴领域,被誉为21世纪最有前途的材料。纳米粒子具有表面效应和体积效应等纳米效应,因此,具有许多特殊的微观特性。纳米级铜、银金属粉末是应用广泛的金属材料,具有比表面积大、表面活性中心数目多等特点,在冶金和石油化工领域是良好的催化剂。纳米铜粉颗粒极细且软,是一种优良的润滑剂,可以适宜的方式分散于各种润滑油中,得到稳定的悬浮液。这种悬浮液中每升含有数百万个超细微的金属微粒,它们可与固体表面结合形成光滑的保护层,同时填塞细微划痕,大幅度降低摩擦和磨损。在汽车发动机的润滑油中加入分散均匀的纳米铜粉,可以提高发动机气缸和活塞的耐磨性能。此外,纳米铜粉具有低电阻特性,可以用于电力连接,也可以代替银粉用于制取导电性能良好、价格低廉的导电橡胶。

纳米铜粉的制备方法有多种,如气相蒸气法、等离子体法、γ射线法、机械化学法、电解法和化学还原法等。气相蒸气法所需原料气体价格昂贵,设备复杂,成本高。等离子体法能量利用率低,稳定性差。机械化学法制备的粉体组成不均匀,粉末易团聚,粒径分布宽。目前,应用最为广泛的是化学还原法。化学还原法制备纳米铜、银金属粉末是在一定的温度和 pH 条件下,控制水合肼、硼氢化钾和甲醛等高 pH 还原剂的加入速度,将溶液中的银、铜离子还原为单质的反应过程。其中,pH 和温度对反应过程有重要的影响,往往决定着还原剂的还原能力,如甲醛在加热和 pH 大于 11 的强碱环境中具有较为明显的还原能力。

本实验采用化学还原法制备纳米铜、银金属粉末,其中涉及氧化还原平衡、沉淀溶解平衡和配位平衡等化学平衡体系，还原剂种类、pH、温度和添加剂等反应条件对沉积速率有着很大的影响。一般来说，制备纳米粒子通常要求反应体系的过饱和度均一，有尽可能高的成核速率，使体系内爆发性成核，从而生成粒度分布窄的纳米粒子。因此，在保证均匀的反应环境的前提下，选择适当的反应条件来提高化学沉积速率就成为制备纳米粒子的前提。

以次亚磷酸钠为还原剂制备纳米铜粉的反应式如下：

$$2Cu^{2+} + H_2PO_2^- + 2H_2O = 2Cu + H_2PO_4^- + 4H^+$$

由于反应中存在副反应以及敞开环境中还原剂被氧化等诸多因素，因此，完全将铜离子还原为铜单质所需还原剂次亚磷酸钠的用量应当比理论值要高一些。实验结果表明，当 $n(NaH_2PO_2) : n(CuSO_4)$ 接近 4∶1 时，还原反应较为彻底，而且产物中不易引入氧化亚铜。

3.8.3　实验仪器与材料

电子天平、烧杯、烧瓶、玻璃棒、布氏漏斗、滴管、恒温水浴锅、温度计、真空泵、滤纸、真空干燥箱、离心机、X 射线衍射仪、激光粒度分析仪和扫描电子显微镜等。

水合肼、甲醛、亚硫酸钠、葡萄糖、硼氢化钾、次亚磷酸钠、五水硫酸铜、硝酸银、磷酸、硝酸、氢氧化钠、氨水、聚乙烯吡咯烷酮(PVP)、乙醇和丙酮等。

3.8.4　实验步骤

(1)铜粉的制备

将 200 mL 0.4 mol/L 次亚磷酸钠溶液(含 1%～3%PVP)与 200 mL 0.1 mol/L 硫酸铜溶液混合，配制成均相溶液，以磷酸为酸度调节剂，调节 pH 为 2～3，剧烈搅拌条件下迅速升温至 70 ℃。以深蓝色溶液转变为绿色作为反应起点，均相体系逐渐混浊且呈红色，表明有铜粒子生成，继续反应 20 min。将所得产物分别用蒸馏水、乙醇离心洗涤多次，然后在 50 ℃条件下真空干燥成粉末。

还原剂还可以选择水合肼、甲醛、亚硫酸钠、葡萄糖或硼氢化钾，酸度调节剂还可以选择硝酸或氢氧化钠。

(2)银粉的制备

将 200 mL 0.15 mol/L 次亚磷酸钠溶液(含 1%～3%PVP)与 200 mL 0.1 mol/L 现配的银氨溶液混合，配制成均相溶液，以硝酸为酸度调节剂，调节 pH 为 2～3，在搅拌条件下迅速升温至 70 ℃。以反应溶液中观察到有沉淀物为反应起点，表明有银粒子生成，继续反应 15 min。将所得产物分别用蒸馏水、乙醇离心洗涤多次，然后在 50 ℃条件下真空干燥成粉末。

(3)分析表征

①X 射线衍射分析。用 X 射线衍射仪对实验制备的粉末进行物相和纯度分析。测试条件:Cu 靶(K_{α}=0.15404 nm),扫描范围为 20°～100°。

②形貌表征。使用扫描电子显微镜观察铜纳米粒子的形貌和粒度。

③粒度分布测定。激光粒度分析仪消泡和校正后,用滴管吸取悬浮液试样,缓慢滴入超声分散器。干燥样品采用四分法取样,然后加入超声分散器,直至达到仪器检测所需的固体颗粒浓度。超声分散 5 min 后,系统自动测试样品的中值粒径 D_{50} 并绘制频数分布曲线和累积分布曲线。测线条件:搅拌转速为 2000 r/min,粒径测量范围为 0.02～2000 μm。

3.8.5 注意事项

①对于分散剂,要求能在溶液中均匀分布,不可凝聚,否则会影响铜粉的形成。

②水浴温度为 70～80 ℃,温度太高会使铜粉呈黑红色。

③抽滤前要静置 10 min,移去上层清液,滤纸要用 3 张。

④洗涤时,水洗后用乙醇洗,是为了先除去水,再用丙酮。如果丙酮使产品颜色变黑,可以不用。

⑤干燥时,应真空干燥。

3.8.6 实验结果与分析

①实验记录。

$m_{NaH_2PO_2}$=________g;$m_{CuSO_4\cdot 5H_2O}$=________g ;m_{PVP}=________g;

$V_{NH_3\cdot H_2O}$=____mL;$V_{H_3PO_4}$=____mL。

铜的实际产量为:m_{Cu}=________g。

$m_{Na_2H_2PO_2}$________g;m_{AgNH_3}=________g;m_{PVP}=________g;

$V_{NH_3\cdot H_2O}$=________mL;V_{HNO_3}=________mL。

银的实际产量为:m_{Ag}=________g。

②数据处理。

铜粉:理论产量=________g,产率=________%。

颗粒形貌:________________________________。

平均粒径:________________。

银粉:理论产量=________g,产率=________%。

颗粒形貌:________________________________。

平均粒径:________________。

③对所得产物进行粒度分布测定、红外分析及 X 射线衍射分析。

3.8.7　思考题

①化学还原法制备纳米金属材料的基本原理是什么?

②试分析化学还原法制备铜粉和银粉的区别。

③如何控制铜、银颗粒表面的氧化?

④如何减少铜粉制备过程中副产物的生成?

3.9　固相反应法合成复合氧化物功能材料

3.9.1　实验目的

①了解固相反应法的应用领域。

②了解高温加热设备(马弗炉)的构造与特点,通过实验熟悉其操作方法。

③学习固相反应法的基本操作,通过实验熟悉材料合成的注意事项。

3.9.2　实验原理

固相反应是固体间发生化学反应生成新固体产物的过程,如图 3-7 所示。广义的固相反应是指有固相参与的化学反应,而通常具有实际应用价值的固相反应大都是发生在两种或者两种以上的固体材料之间的。固相反应的原料和产物都是固体,在反应开始之前,原料以几微米或更粗的颗粒状态相互接触、混合,因而固相反应是固体颗粒之间进行的反应。固相反应分为产物成核和生长两步。通常情况下,产物和原料的结构有很大的不同,其成核过程往往需要很高的能量,因为在成核的过程中,原料的晶格结构和原子排列必须作出很大的调整,甚至重新排列。显然,这种调整和重排要消耗很多能量,因而大多数的固相反应只能在高温条件下发生。如果产物和某一原料在原子排列和键长两方面都很接近,只需进行较小的结构调整,就可以使产物成核,反应就比较容易发生。

通常情况下,固相反应的原料需要均匀混合,且原料粉末的粒度要足够细,这样反应才能够进行得比较完全。固相反应之前的物料混合过程可以是亚微观尺度的(如采用球磨混合),也可以是分子级尺度的(如采用溶胶-凝胶法生成凝胶)。其中,后者显然更加有利于固相反应的完全进行。

目前,尽管各类新型的湿化学合成方法不断涌现,但是固相反应法仍然是制备多组元相材料的主要方法,具备产量大、产物质量易控、设备和实验简单等优势,在很多领域(如电子陶瓷、发光材料和电池材料的制备等)都有应用。

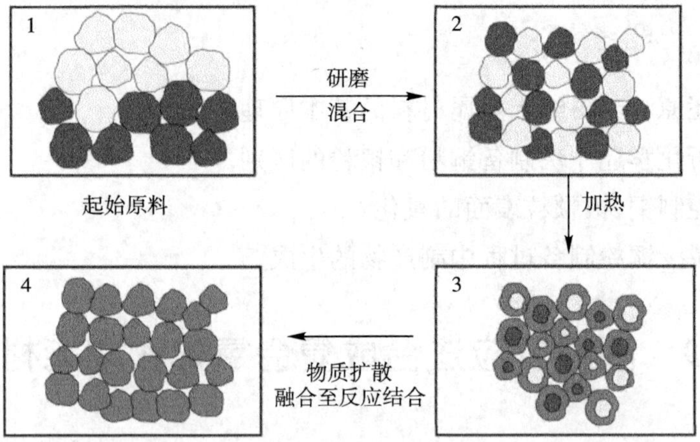

图 3-7 固相反应过程示意图

3.9.3 实验仪器与材料

80 目标准筛(含筛刷、筛盒)、带盖刚玉坩埚(直径约 65 mm)和刚玉研钵(直径约 120 mm)等。

球磨实验后烘干的混合材料(保存时间不宜过长,一般不超过 3 日)。

3.9.4 实验步骤

本实验采用的原料为球磨实验后烘干的混合材料。

(1)物料破碎与过筛

将结块的粉体置于刚玉研钵中破碎。注意:不能用蛮力去压,应用研钵锤轻触粉体,慢慢转圈,用转动和剪切的力量将其研碎。研磨到一定程度时,将粉末倒入 80 目标准筛中,用筛刷在上面反复刷,将粉末强制性刷入筛盒中;重复上述操作,完成过筛过程。

(2)粉末装载

将坩埚洗净并烘干,用金属药匙将过筛后的粉末转移至坩埚中。粉末装载完毕,应用坩埚盖盖严,防止灰尘落入。

(3)高温煅烧

绝大多数的固相反应都有气体排出。因此,将坩埚装入马弗炉时,应使其盖子和坩埚本体之间留出一条小缝隙,以便于气体的排出。注意:坩埚的中心应大致位于炉膛的中心位置。

坩埚放置完毕后,按照操作规程关闭炉膛,开启马弗炉控温仪,并按照设定好的温度控制程序开始升温加热。温度控制程序运行结束后,当炉膛温度降低至 150 ℃以下时,打开炉膛,待其降温完全再取出坩埚。

(4)后处理操作

由于经历了高温下固体颗粒的熔合和晶粒的再长大过程，固相反应结束之后的粉末颗粒都存在不同程度的熔化粘连，团聚成多孔的块体结构。在常规的实验中，利用固相反应法制备的粉末通常还需要经过进一步的操作才能够制备为实验要求的产品，如陶瓷等。因此，为了便于后续的操作，应对固相反应完成后的产物进行破碎和再球磨处理(二次球磨)。

3.9.5　实验结果与分析

①绘制马弗炉的温度设定曲线，标明温度段参数。

②通过 X 射线衍射分析判定产物的物相。

3.9.6　思考题

①归纳总结从球磨到固相反应结束这一系列的实验过程中，有哪些反应阶段是中途不允许停止的，有哪些是可以中途停止的，试说明原因。

②在采用马弗炉进行高温煅烧前，为了将坩埚置于炉膛的正中央可以采取哪些办法?

3.10　固相反应法合成 ZSM-5 分子筛

3.10.1　实验目的

①了解固相反应法的原理和方法。

②熟悉固相反应法合成 ZSM-5 分子筛的方法。

3.10.2　实验原理

分子筛具有均匀的孔径和高的比表面积等特性，广泛应用于吸附、分离、催化、功能材料和光电材料等工业领域，其主要的合成方法有水热与溶剂热合成法、干凝胶转换法、离子热法和固相合成法等。水热与溶剂热合成法是制备分子筛最经典的方法，但产率低，环境污染大。干凝胶转换法制备过程复杂。离子热法在降低反应压力方面有了很大改进，但离子液体价格昂贵使这种方法受到了限制。另外，这些方法都需要使用大量溶剂，易浪费溶剂，污染环境。固相反应法只需将固体原料混合研磨、加热晶化，不需要添加任何溶剂，研磨一定时间便可直接装釜晶化，为合成更廉价、更绿色的新型分子筛开辟了新航路。

固相反应法发展迅速，目前已用于合成 SOD、MFI、FAU、AEL、CHA 等骨架结构的分子筛。如图 3-8 所示，固相转变机理认为在分子筛晶化的过程中，既没有凝胶固相的溶解，也没有液相直接参与分子筛的成核与晶体生长。各种原料混合后，硅酸盐与铝盐聚合生成硅铝酸盐初始凝胶。与此同时，虽然也产生凝胶间液相，但液相部分并不参与晶化反应。初始凝胶在 OH^- 的作用下发生解聚与结构重排，形成某些分子筛晶化所需要的初级结构单元。这些初级结构单元围绕着水合阳离子重排构成多面体，多面体再进一步缩聚联结，形成分子筛晶体。

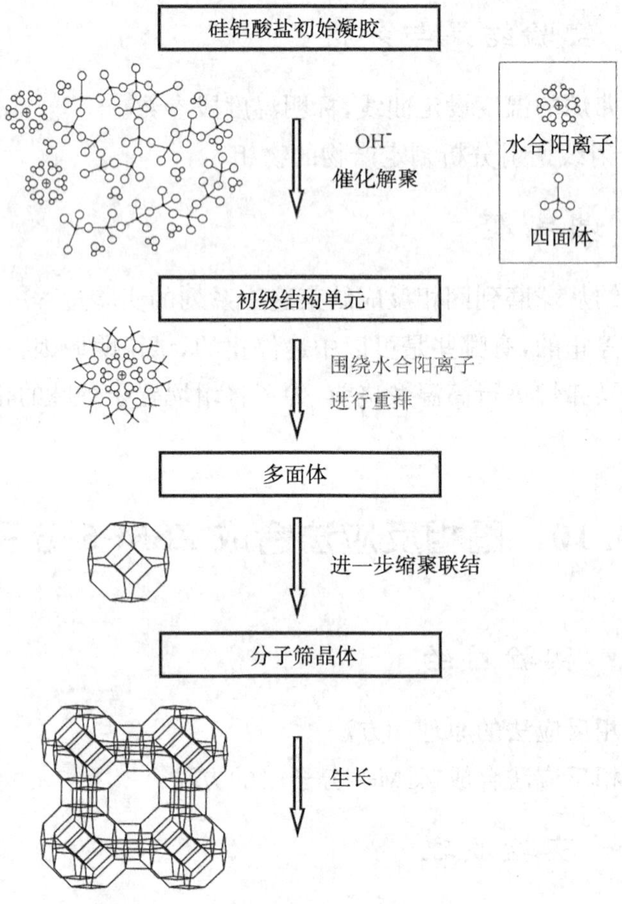

图 3-8 固相反应法机理示意图

3.10.3 实验仪器与材料

反应釜(50 mL)、电子天平、恒温干燥箱、研钵、真空抽滤泵、布氏漏斗、表面皿、X 射线衍射仪和扫描电镜等。

硅酸钠($Na_2SiO_3 \cdot 9H_2O$)、硫酸铝[$Al_2(SO_4)_3 \cdot 18H_2O$]、硅胶和 ZSM-5 分子筛晶种等。

3.10.4 实验步骤

①称量。称取1.5 g硅酸钠、0.65 g硫酸铝、1.35 g硅胶以及0.17 g ZSM-5分子筛晶种，置于干燥的研钵中。

②研磨。充分研磨(约1 h)后转移至反应釜中。

③晶化。将反应釜置于恒温干燥箱中，180 ℃晶化13 h。

④抽滤。冷却至室温后，用布氏漏斗抽滤，洗涤至中性。

⑤干燥。将滤饼转移至表面皿中，100 ℃干燥。

⑥表征。使用X射线衍射仪对产物进行物相分析；使用扫描电镜对产物进行形貌分析。

3.10.5 实验结果与分析

对所得产物进行XRD和SEM表征，讨论所得产物的结构及形貌。

3.10.6 思考题

①原料中的结晶水对反应是否有影响？

②如何保证加料和研磨过程中不受空气中水的干扰？

第4章　粉体工艺综合实训

4.1　白炭黑粉体的制备与改性

4.1.1　实验目的

①了解硅基粉体材料的表面特性。

②掌握硅基粉体材料表面改性的原理和方法。

③掌握改性硅基粉体材料的表征方法。

4.1.2　实验原理

白炭黑($SiO_2 \cdot nH_2O$)为含水二氧化硅微细粉末或超细粒子，是仅次于炭黑的第二大橡胶补强填充剂。白炭黑具有耐高温和电绝缘性好等优异性能，可用作增稠剂、绝缘漆的调合剂、油漆退光剂、电子元件包封材料触变剂、荧光粉沉淀剂、彩印胶板填充剂、铸造脱模剂、药物载体或分散剂等。

(1)白炭黑的生产方法

白炭黑的生产方法主要有沉淀法(湿法)和气相法两大类。沉淀法所用原料价廉易得，生产工艺和设备较为简单，占国内白炭黑生产工艺的主导地位。

以硫酸法为例，可溶性水玻璃与硫酸反应，当反应液到达某一 pH 时停止加酸反应，进行陈化、过滤和清洗，脱除 Na_2SO_4后干燥并粉碎，便可得到产品。反应过程中，溶液中水玻璃首先转变成为可溶性单体硅酸，单体硅酸有可能生成疏松的絮状物(聚集作用)，也有可能生成致密的胶粒(凝胶作用)，因此，最终产品可能存在很大差异。为了得到所需性能的白炭黑，反应过程中必须严格控制硅酸钠浓度、加酸的酸度、pH 和温度等条件。

制备白炭黑的反应式如下：

$$Na_2O \cdot mS_iO_2 + H_2SO_4 + H_2O \longrightarrow S_iO_2 \cdot nH_2O + Na_2SO_4$$

硫酸法制备白炭黑的工艺流程如图 4-1 所示。

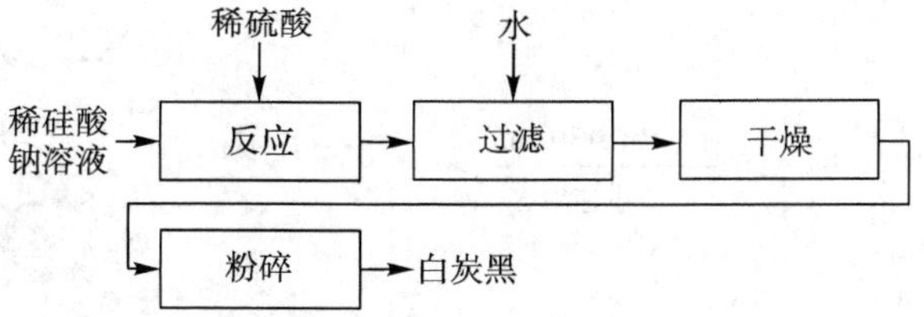

图 4-1　硫酸法制备白炭黑的工艺流程

(2)白炭黑改性的原理和方法

白炭黑表面含有一层硅氧烷和强极性硅醇基团(图 4-2),其表面硅羟基有双羟基、相邻羟基和隔离羟基。橡胶的不饱和双键与白炭黑表面羟基结合,可产生化学补强作用。可以看出,白炭黑的补强作用主要是靠其表面活性基团发生脱水缩合反应和酯化反应等化学反应来实现。但是,大量的硅羟基间脱水缩合极易造成白炭黑自身团聚,形成聚集体颗粒,且亲水性硅羟基很难被润湿,难以分散在高分子基体中,使增强效果大打折扣。因此,白炭黑表面改性一直是高分子材料补强性能应用领域内的研究热点。

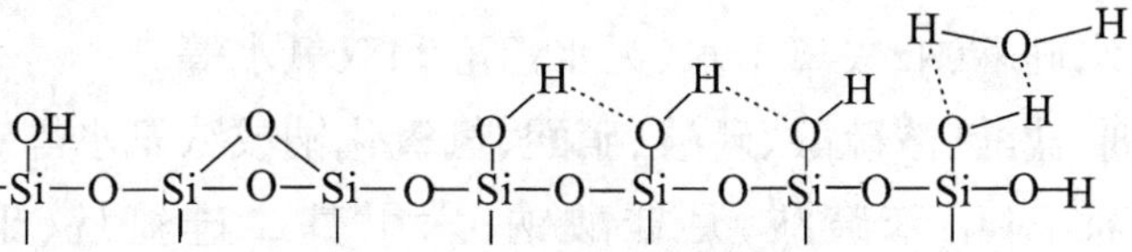

图 4-2　白碳黑表面结构

白炭黑表面改性就是用某些化学试剂与白炭黑表面活性硅羟基进行反应,提高白炭黑与聚合物胶料的亲和性及反应活性。常见的表面改性方法为液相改性,即将白炭黑分散在含改性剂成分的液相中,通过表面羟基反应实现表面功能化。例如,采用离子液体或者硅烷偶联剂改性白炭黑,提高填充橡胶的物理性能和动态力学性能。尽管离子液体与白炭黑之间只存在较弱的范德瓦耳斯力,但离子液体具有传统偶联剂所不具备的绿色环保的优势。以 1-烯丙基-3-甲基氯化咪唑([AMIM]Cl)改性白炭黑为例(图 4-3),其中 Cl^- 是氢键的良受体,容易与白炭黑表面羟基形成氢键,因此,能够实现白炭黑的表面改性。

尽管白炭黑表面改性的方法有很多种,但只有少数几种有一定的工业价值。实践证明,对沉淀白炭黑表面进行高温处理,或用醇类、有机硅烷等进行处理,可以在不同程度上降低其极性和亲水性,如用于橡胶补强可以增加白炭黑与橡胶分子的亲和性,避免原来酸性表面产生的对硫化速度的阻滞作用。但是,白炭黑与橡胶分子的结合效率仍然很低,补强作用则改变甚微。在众多的硅烷偶联剂中,硅烷偶联剂 Si-69 具有出众的改性效果,既可以改善沉淀白炭黑与橡胶的相容性和分散性,还可以明显增强白炭黑与橡胶的偶联作用,从而使白炭黑的补强效果接近甚至优于炭黑。

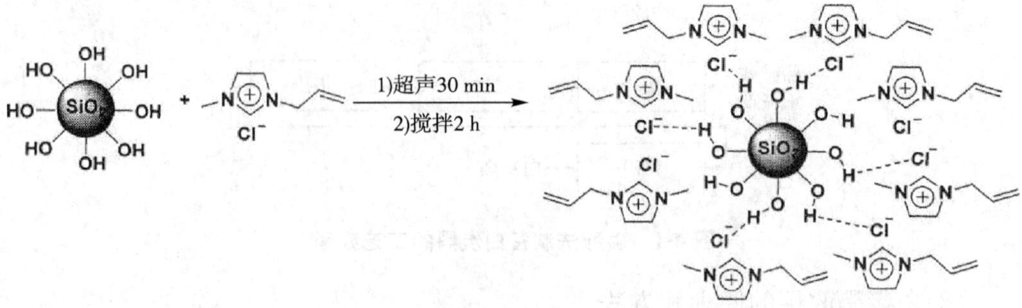

图 4-3 [AMIM]Cl 改性白炭黑示意图

4.1.3 实验仪器与材料

电子天平、烧杯、三口烧瓶、玻璃棒、布氏漏斗、滴管、恒温水浴锅、温度计、真空泵、滤纸、真空干燥箱、鼓风干燥箱、超声波清洗器、恒温磁力搅拌器、X 射线衍射仪、离心机、表面羟基测定装置、激光粒度分析仪、透射电子显微镜和红外光谱仪等。

水玻璃、九水硅酸钠、去离子水、无水乙醇和双氧水等。

酸度调节剂:盐酸、浓硫酸、磷酸、硝酸、氢氧化钠或浓氨水等。

表面改性剂:对甲苯磺酸、月桂酸钠、六甲基二硅氮烷、聚乙二醇(PEG-6000)、Si-69、Si-75、KH-560、KH-570、KH-580、KH-590、正二十二醇、十六烷基三甲基溴化铵、[AMIM]Cl、1-乙基-3-甲基咪唑双三氟甲磺酰亚胺盐、双(1-甲基咪唑)琉基琥珀酸盐和 1-甲基咪唑甲基丙烯酸甲酯等。

4.1.4 实验步骤

(1)原料处理与配制

向水玻璃中加入 30%的双氧水,静置 24 h 后过滤,用去离子水调至一定的波美度。用去离子水将九水硅酸钠配成一定浓度的硅酸钠溶液,置于塑料桶内密封备用。用去离子水将浓酸(如浓硫酸)和碱(如氢氧化钠)配制成一定浓度的稀酸溶液和稀碱溶液,备用。

(2)白炭黑制备反应

取水玻璃溶液或者硅酸钠溶液,置于 1 L 三口烧瓶中,在连续搅拌条件下将溶液温度升高(30~100 ℃)。在恒温条件下,以一定的速度加入稀酸,调节 pH(5~9),陈化,得到白色料浆。

对陈化后得到的白色料浆进行恒压过滤,收集滤饼,用去离子水反复洗涤,105 ℃干燥脱水,得到白炭黑产品。

制备过程中选取反应初期、反应末期、陈化末期、干燥阶段的样品,实时测定颗粒的粒度分布。

(3)白炭黑表面改性

取一定量的硅烷偶联剂,溶于去离子水和醇类混合溶剂,调节 pH 为 3~9,超声 30 min,备用。称取 10 g 白炭黑,置于 1 L 三口烧瓶中,加入 300 mL 去离子水,超声 2 h 使白炭黑充分分散。将三口烧瓶置于恒温水浴锅中,在剧烈搅拌下加入硅烷偶联剂溶液,加热至回流。

反应结束后,过滤,收集滤饼,洗涤脱除溶剂和硅烷偶联剂等杂质,置于鼓风干燥箱中干燥脱溶剂,得到改性白炭黑。

(4)小试放大实验

根据最佳的白炭黑制备条件,将配制好的硅酸钠或者水玻璃溶液倒入 100 L 夹套水浴锅中并开启电机,搅拌,加热。待温度升高到指定温度时,以一定的速度加入稀酸进行反应,加酸结束后再陈化。陈化结束后,将滤浆压入板框压滤机进行恒压过滤,分离母液。滤饼用去离子水反复洗涤去杂,105 ℃干燥脱水,得到白炭黑产品。

制备过程中选取反应初期、反应末期、陈化末期、干燥阶段的样品,实时测定颗粒的粒度分布。

根据最佳的白炭黑改性条件,将预先超声好的白炭黑溶液倒入 100 L 夹套水浴锅中并开启电机,搅拌,加热。待温度升高到指定温度时,以一定的速度加入硅烷偶联剂溶液,加热至回流。反应结束后,将滤浆压入板框压滤机进行恒压过滤,分离母液。滤饼用去离子水反复洗涤去杂,105 ℃干燥脱水,得到改性白炭黑产品。

(5)改性效果表征

①沉降现象观察。在两个干燥的烧杯中分别加入 50 mL 去离子水,再分别加入 0.1 g 改性前和改性后的白炭黑,振荡 10 min,观察其沉降现象。

②亲油化度测定。将 1.0 g 表面改性后的白炭黑置于 50 mL 去离子水中,加入无水乙醇直至粉体完全浸润,记录无水乙醇的用量 V(mL)。亲油化度可由下式计算得到。

$$亲油化度=[V/(V+50)]\times 100\%$$

③红外光谱分析。分别将改性前和改性后的白炭黑粉体与溴化钾置于玛瑙研钵中,研磨混合均匀并压片,进行红外光谱分析,比较改性前后的白炭黑结构。

④表面羟基测定。采用表面羟基测定装置测定不同阶段样品的表面羟基数量。

⑤形貌表征。采用 TEM 或者 SEM 观测白炭黑颗粒微观形貌和颗粒尺寸。

⑥粒度分布测定。激光粒度分析仪消泡和校正后,用滴管吸取悬浮液试样,

缓慢滴入超声分散器。干燥样品采用四分法取样，然后加入超声分散器，直至达到仪器检测所需的固体颗粒浓度。超声分散 5 min 后，系统自动测试样品的中值粒径 D_{50} 并绘制频数分布曲线和累积分布曲线。测试条件：搅拌转速为 2000 r/min，粒径测量范围为 0.02～2000 μm。

4.1.5 实验结果与分析

①实验记录。

表 4-1 表面改性实验数据

项目	水玻璃浓度（或硅酸钠浓度）	酸浓度（或碱浓度）	白炭黑用量	改性剂用量	pH	反应时间	反应温度	溶剂用量
1								
2								
3								
4								
5								
6								
7								
8								
9								

表 4-2 产品分析表征数据

项目	亲油化度	平均粒度	红外特征峰	表面羟基数量	形貌及尺寸	沉降现象
1						
2						
3						
4						
5						
6						
7						
8						
9						

②数据处理。

白炭黑：实际产量＝______g，理论产量＝______g，产率＝______%。

改性白炭黑：实际产量＝______g，理论产量＝______g，产率＝______%。

4.1.6 思考题

①简述白炭黑工业生产工艺。

②简述硫酸法制备白炭黑的基本原理和流程。

4.2 硅微粉的制备与改性

4.2.1 实验目的

①了解硅微粉的来源、生产及应用。

②练习和掌握加工及改性硅微粉的方法。

4.2.2 实验原理

硅微粉是一种无毒、无味、无污染的无机非金属材料，由天然石英石或熔融石英经破碎、球磨、浮选、酸洗提纯、高纯水处理、干燥等多道工艺加工而成。硅微粉为晶型二氧化硅粉末，其表面极性强、分散性较差等缺点严重限制了其应用范围。通过表面改性，将矿物表面原有的极性基团变为非极性基团，可改善硅微粉与有机高分子的亲和性、相容性，提高有机复合材料的机械性能，使其广泛应用于塑料、涂料、橡胶、油漆、胶黏剂和电绝缘封装材料等领域。

硅烷偶联剂是一类含有两种不同化学性质基团的结构特殊的有机硅化合物，可使硅微粉与有机高分子材料之间形成一种良好的界面结合，使两者紧密地结合到一起。

硅烷偶联剂的作用机理中比较成熟的是化学键结合理论。此理论认为硅烷偶联剂中含有两类不同的官能团，一端能与无机材料表面的羟基形成氢键，且可在一定的条件下脱水、缩合，形成共价键，另一端能与有机高分材料结合，从而使有机高分子材料和无机材料这两种性质差异较大的材料牢固地结合在一起。

本实验采用硅烷偶联剂 KH-550（γ-氨丙基三乙氧基硅烷）为改性剂，对以石英石为原料生产的硅微粉进行表面改性研究。该反应分为 4 步：①硅烷偶联剂与水反应，水解生成硅醇。②硅醇分子间脱水，缩合成含硅羟基的低聚硅氧烷。③低聚硅氧烷的硅羟基与硅微粉表面上的羟基形成氢键。④在加热的过程中，硅羟基与羟基发生脱水、缩合反应，形成牢固的共价键。剩下的两个硅羟基或者与其他硅烷偶联剂中的硅羟基缩合，或者保持游离状态。

4.2.3 实验仪器与材料

球磨机、搅拌器、烘箱、80 目筛、100 目筛、红外光谱仪、透射电镜和旋转黏度计等。

石英石、盐酸、氨水、邻苯二甲酸二丁酯、液状石蜡和硅烷偶联剂 KH-550 等。

4.2.4 实验步骤

(1)硅微粉的制备

石英石用球磨机粉碎后过筛,得到一定颗粒大小的石英砂。取 25 g 石英砂置于烧杯中,加入适量盐酸和 200 mL 蒸馏水,搅拌 4 h,抽滤,烘干,即得除铁等杂质后的硅微粉。

(2)硅微粉的改性

将一定量除杂后的硅微粉加入三口烧瓶中,预热,加入氨水,调节 pH 为 8.5,120 ℃预热 2 h 脱除水分,90 ℃条件下加入不同质量分数的硅烷偶联剂 KH-550 进行表面改性,高速搅拌 90 min,120 ℃干燥。

(3)改性效果表征

①吸油率的测定。准确称取 2.5 g 改性后样品,置于表面皿上,用滴管滴加邻苯二甲酸二丁酯并调匀,黏结成团块涂敷粘于表面皿上无裂纹和碎片为止。称重,计算此时的邻苯二甲酸二丁酯用量。

②活化指数的测定。准确称取 2.5 g 改性后样品,置于烧杯中,加入适量蒸馏水,振荡,静置。待体系稳定后,移取水面上的漂浮物,干燥,精确称量,计算活化指数。

$$活化指数\ H=漂浮物质量/样品质量$$

③渗透时间的测定。取一定量的改性后样品置于培养皿中,用平板玻璃将样品用力压实,使表面光滑,用滴管滴一滴水或者有机试剂,记录滴加时液滴与试样表面的接触角和液滴完全被试样吸收的时间(表 4-3)。

表 4-3 改性剂用量对硅微粉接触角和渗透时间的影响

改性剂用量/%	水		液体石蜡		邻苯二甲酸二丁酯	
	接触角/(°)	渗透时间/s	接触角/(°)	渗透时间/s	接触角/(°)	渗透时间/s
0.0						
1.0						
1.5						
2.0						
2.5						

④改性对硅微粉分散性的影响。记录硅微粉改性前后在有机试剂中黏度的变化(表 4-4)。选定最优化的改性产品,分别测定试样改性前后在液状石蜡、邻苯二甲酸二丁酯等介质中的黏度。

表 4-4　硅微粉改性前后在有机试剂中的黏度(单位为 mPa·s)

样品∶介质	液状石蜡		邻苯二甲酸二丁酯	
	改性前	改性后	改性前	改性后
1∶3				
1∶4				

⑤结构与形貌表征。分别对改性前后的样品进行红外光谱分析和透射电镜分析。

4.2.5　实验结果与分析

①利用激光粒度分析仪测定改性后样品的粒径并绘制粒度分布图。

②对改性前后的样品进行 X 射线衍射分析、红外光谱分析和透射电镜分析，比较改性前后样品的结构与形貌变化。

③绘制吸油率与改性剂用量关系图、活化指数与改性剂用量关系图。

④综合考虑吸油率、活化指数、渗透时间等指标和经济成本因素，选择理想的改性剂用量。

4.2.6　思考题

①如何用化学键结合理论解释硅烷偶联剂与无机材料的反应？

②如何确定理想的改性剂用量？

4.3　石英砂的提纯

4.3.1　实验目的

①了解石英砂的来源及生产方法。

②练习和掌握纯化石英砂的方法。

4.3.2　实验原理

石英石亦称硅石，在自然界中以石英砂岩、石英岩和脉石英的形式存在。石英石在常温下是一种稳定的矿物，性脆，有贝壳状断口，经粉碎、筛选和水洗等工艺可加工成石英砂。石英砂是一种坚硬、耐磨、化学性质稳定的硅酸盐矿物，除主要成分二氧化硅外，还含有少量的氧化铁、黏土和云母等杂质。纯化石英砂的常用方法是用酸将铁、铝等元素转化为离子形式，通过洗涤达到除去杂质的目的。酸洗后石英砂中的铁元素含量明显降低。主要离子反应如下：

$$Fe_2O_3+6H^+ = 2Fe^{3+}+3H_2O$$

$$Fe+2H^+ = Fe^{2+}+H_2\uparrow$$

石英砂除铁的效果可用邻菲罗啉显色法检验。在 pH 为 2～9 的溶液中，邻菲罗啉可与 Fe^{2+} 络合，生成稳定的橘红色配合物。

本实验可以尝试用盐酸、草酸等提纯石英砂，比较各种不同方法的提纯效果和综合经济效益。

4.3.3 实验仪器与材料

球磨机、聚四氟乙烯烧杯、搅拌器（带聚四氟乙烯搅拌棒）、微波消解仪、控温加热板、干燥箱、分光光度计、80 目筛、100 目筛和容量瓶等。

石英石、草酸、盐酸、邻菲罗啉、盐酸羟胺、乙酸-乙酸钠缓冲溶液（pH＝4.5）和蒸馏水等。

4.3.4 实验步骤

（1）石英砂的制取

石英石用球磨机粉碎后过筛，得到 80 目的石英砂，分成多份，一部分用于纯化，一部分作为原样用于检测对比。

（2）用盐酸提纯石英砂

称取 2.5 g 石英砂，置于聚四氟乙烯烧杯中，加入适量的盐酸和 20 mL 蒸馏水，搅拌（可以水浴微热），反应 4 h，抽滤，收集滤饼，用蒸馏水清洗 3 次，置于干燥箱中烘干，即得除铁等杂质后的产品 1。

（3）用草酸提纯石英砂

称取 2.5 g 石英砂，置于聚四氟乙烯烧杯中，加入适量的草酸和 20 mL 蒸馏水，搅拌，水浴微热，反应 13 h，抽滤，收集滤饼，用蒸馏水清洗 3 次，置于干燥箱中烘干，即得除铁等杂质后的产品 2。

（4）提纯效果对比

按石英砂检测方法检测石英砂原样和产品 1 及产品 2 中的铁杂质含量。分别称取 0.5 g 样品，用微波消解仪消解后，加热至近干，然后转入 100 mL 容量瓶中，用稀盐酸定容。移取 25 mL 上述溶液，转入 50 mL 容量瓶中，加入 1 mL 10％盐酸羟胺，摇匀，静置 2 min，再加入 5 mL 乙酸-乙酸钠缓冲溶液和 2 mL 0.12％邻菲罗啉溶液，用水稀释至刻度，摇匀。以空白试剂为参比，测定其吸光度。计算样品中铁杂质含量并对比两种方法的提纯效果和综合经济效益。

4.3.5　实验结果与分析

表 4-5　实验数据记录

记录项目	原样	产品 1	产品 2
质量/g			
盐酸用量/mL			
草酸用量/g			
反应时间/h			
Fe^{2+}含量/(μg/g)			

4.3.6　思考题

①试估算实验中需加入的盐酸或草酸的量。根据测定结果，判断哪一种加入量相对较好。

②从环保和综合经济效益角度比较用盐酸和用草酸提纯石英砂的效果。

4.4　钠钙玻璃的制备

4.4.1　实验目的

①了解熔制玻璃的设备及测试仪器，掌握其使用方法。

②观察熔制温度、保温时间和助熔剂含量对熔化过程的影响。

③根据实验结果分析玻璃成分、熔制技术是否合理。

4.4.2　实验原理

在教学、科研和生产中，往往需要设计、研究和制造新品种的玻璃，或者对传统的玻璃生产工艺进行改革。其中，玻璃的熔制是关键环节。为了寻找合适的玻璃成分，了解玻璃熔制过程中各种因素所产生的影响，摸索合理的熔制工艺技术，以指导生产实践，一般都要先做熔制实验，制取玻璃样品，再对样品进行各种性能测定，判断各项性能指标是否达到预期的要求。如此反复进行，直至找到满足各种性能要求的最佳配方。

玻璃的熔制是一个相当复杂的过程，包括一系列物理的、化学的、物理化学的现象和反应。化学变化过程主要有某些组分加热后失去结晶水、盐类的分解、各组分之间的化学反应及硅酸盐的形成。物理化学变化过程主要指一些物料间的固相反应，共熔体的产生，各组分间的互相熔融，物料、玻璃液相与炉内气体以及耐火材料之间的相互作用等。玻璃熔制过程中，共熔体的产生和互熔等只有在很高的温度下才会显著发生。

玻璃的熔制过程可以分为以下5个阶段。

①硅酸盐形成阶段。配合料在800～1000 ℃条件下发生一系列物理的、化学的、物理化学的变化，形成由硅酸盐和游离二氧化硅组成的不透明的烧结物。

②玻璃形成阶段。温度升高至1200 ℃，各种硅酸盐开始熔融；继续升高温度，未融化的硅酸盐和石英砂粒完全熔融，形成透明的玻璃液。

③玻璃澄清阶段。温度升高至1400～1500 ℃，玻璃液中可见气泡消失。

④玻璃液均化阶段。虽然玻璃液的均化在玻璃形成时已开始，但主要还是在澄清后期进行，可以看作边澄清边均化。

⑤玻璃液冷却阶段。澄清均化后，玻璃液黏度太小，必须通过冷却来提高黏度，以达到成形所需的黏度范围。成形温度比澄清温度低200～300 ℃。

4.4.3 实验仪器与材料

高温电炉及其附属设备、高铝坩埚、研钵、料勺、电子天平、坩埚钳、石棉手套和马弗炉(退火用，附控温仪表)等。

石英砂、碳酸钠、碳酸钙、碳酸镁和氢氧化铝等。

4.4.4 实验步骤

(1)玻璃成分的设计

本实验给出两种易熔的Na_2O-CaO-SiO_2系统玻璃配方，见表4-6，学生可根据自己的要求进行修改。

表4-6 易熔玻璃的配方

配方编号	氧化物质量分数/%				
	SiO_2	CaO	MgO	Al_2O_3	Na_2O
1	71.5	5.5	2	3	18
2	69.5	9.5	3	3	15

(2)熔制温度的估计

从玻璃形成到砂粒消失这一阶段，可按M. Volf提出的玻璃熔化速度常数公式[式(4－1)]估算玻璃熔化速度常数τ。式中各氧化物的化学式代表其在玻璃中的质量分数。

$$\tau=\frac{SiO_2+Al_2O_3}{Na_2O+K_2O+\frac{1}{2}B_2O_3+\frac{1}{8}PbO} \tag{4－1}$$

根据 τ 与熔化温度 T 的关系(表 4-7)，可大致确定玻璃的熔制温度。

表 4-7　速率常数 τ 与熔化温度 T 的关系

τ	4.3	5.5	6.0
T/℃	1380～1400	1420	1450～1460

(3)玻璃原料的选择

在玻璃生产过程中，原料的选择是一件重要的工作。不同玻璃制品对原料的要求不尽相同，但有些共同的原则。

①原料质量应符合技术要求：晶位高，化学成分稳定，水分稳定，颗粒组成均匀，着色矿物(主要是氧化铁)和难熔矿物(主要是铬铁矿物)少。

②适于熔化和澄清。

③对耐火材料的侵蚀小。

(4)配料计算

以制得 100 g 玻璃液为例，计算所需原料碳酸镁的用量，保留小数点后两位。

$$MgCO_3 \longrightarrow MgO + CO_2$$

$$84.32 \qquad 40.32$$

$$x' \qquad 1$$

$$理论用量\ x' = 84.32 \times 1 \div 40.32 = 2.09(g)$$

$$实际用量\ x = 2.09 \div 99.5\% = 2.1(g)$$

用类似的方法可算出其他原料的用量，然后列出配料单，见表 4-8。

表 4-8　配料单

原料名称	石英砂	碳酸钙	碳酸镁	氢氧化铝	碳酸钠
配合料 1					
配合料 2					

(5)配合料的制备

①为保证配料的准确性，首先将实验用原料干燥或预先测定原料含水量。

②根据配料单称取各种原料(精确至 0.01 g)。

注意：将粉状原料充分混合成均匀的配合料是保证熔融玻璃液质量的先决条件。由于本实验为小型实验，配合料量小，只能在研钵中研磨混合，因此，不考虑加水混合。

(6)熔制操作

①检查电源线路。

②把每种配合料分别装入 3 只高铝坩埚中。为防止坩埚意外破裂造成电炉损坏，可先在耐火匣钵底部垫氧化铝粉末，再将坩埚放入匣钵中，然后推入电炉的炉膛。给电炉通电，以 4～6 ℃/min 的升温速度升温至 900 ℃。此为常温加料法。

在科研和生产中，玻璃熔制一般多采用高温加料法。即先将空坩埚放入电炉内，给电炉通电，以 4～6 ℃/min 的升温速度升温至加料温度（即 900 ℃），再将配合料装入坩埚，保温 0.5 h。

为了得到较多的玻璃料（样品），必须在此温度下多次加料，以充分利用坩埚的容积，减少配合料中低熔点物料的挥发。

③最后一次加料并保温 1 h 后，从炉中取出两种配合料的坩埚各一只，放入已经加热到 500～600 ℃的马弗炉中退火。

④以 3 ℃/min 的升温速度继续升温至 1200 ℃，保温 1 h，从炉中取出两种配合料的坩埚各一只，放入马弗炉中退火。

⑤以 3 ℃/min 的升温速度继续升温至 1300 ℃，保温 2 h。本实验的熔制温度在 1300～1450 ℃，保温 2～3 h，可使玻璃液完成均化和澄清过程。

⑥保温结束后，从炉中取出两种配合料的坩埚各一只，放入马弗炉中退火，关上炉门，保温 10 min，断电，让其自然冷却。

⑦所有坩埚从硅碳棒电炉中取出之后，将电炉的通电电流调至最小，关闭控制器电源，再拉闸停电，让电炉自然降温。

4.4.5 实验结果与分析

待装有玻璃的坩埚冷却至室温后，用小铁锤尖端敲打坩埚底和内壁，使之裂成两半。观察坩埚中心、表面、底和周壁的硅酸盐形成、玻璃形成、熔透和澄清情况，气泡数量，未熔透颗粒数量，玻璃液表面是否有泡沫，颜色，透明度及玻璃液的其他特征。此外，应仔细研究坩埚壁，特别是玻璃液面处的侵蚀特征。

实验结果可按表 4-9 填写。

表 4-9　实验情况记录分析表

项目		1 号料	2 号料	1 号料	2 号料	1 号料	2 号料
最高熔制温度/℃		900	900	1200	1200	1300	1300
保温时间/h							
玻璃熔制情况分析	熔透情况						
	澄清情况						
	透明度及颜色						
	坩埚侵蚀情况						
	其他特征						

4.4.6 思考题

①玻璃熔制有高温加料和常温加料两种加料方法，两者有何差别？

②本实验拟定在 900 ℃、1200 ℃和 1300 ℃取出熔制玻璃的坩埚有何意义？
③实际生产中应如何制定玻璃的熔制方案？
④确定玻璃的最高熔制温度和均化澄清时间的原则是什么？

附　录

附录 1　试样的采集和制备

试样制备是分析测试样品的准备过程，包括样品的采集、破碎、过筛、混匀和缩分等过程。

一、样品采集

试样的采集是指从大批物料中采取少量样本作为原始试样。所采试样应具有高度的代表性，其组成应能代表全部物料的平均组成。

采样是一个十分重要的环节。所采样本的质量直接关系到分析结果的可靠性。根据具体测定需要，遵循代表性原则随机采样。

1. 采样程序

采样程序包括确定采样单元数（即采样点个数）、确定采样量和选用采样方法。

2. 采样单元数

采样单元数的多少取决于两个因素：一是物料的均匀程度。物料越不均匀，采样单元就越多。二是采样的准确度。采样的准确度要求越高，采样单元就越多。

3. 采样量

要使采样有代表性，采样量应足够。样品的可靠采样量通常由切乔特经验公式 $Q=Kd^2$ 确定，它是戴蒙德-哈里费达尔公式 $Q=Kd^a$ 的简化形式。公式中，Q 为缩分后样品的最低可靠质量，即应采的最小样品量，单位为 kg；d 为样品破碎后的最大颗粒直径，单位为 mm；K 为缩分系数，通常由实验确定（0.05～1.0 kg/mm²，固体物质越不均匀，K 值越大）；a 为经验常数，一般取 1.5～2.7。公式表明，样品越不均匀，样品的颗粒越粗，最低采样量越多，见附表 1-1。

例如，有试样 20 kg，粒度为 6 mm，K 值为 0.2 kg/mm²，可缩分几次？若试样粒度不大于 2 mm，可再缩分几次？

$Q \geqslant 0.2\ \text{kg/mm}^2 \times (6\ \text{mm})^2$，即 $Q \geqslant 7.2$ kg，可缩分 1 次。

$Q \geqslant 0.2\ \text{kg/mm}^2 \times (2\ \text{mm})^2$，即 $Q \geqslant 0.8$ kg，10 kg 再缩分 3 次后剩 1.25 kg（大于 0.8 kg）。

附表 1-1 采集平均试样时的最小质量(单位:kg)

筛号/目 (筛孔直径/mm)	缩分系数/(kg/mm²)				
	0.1	0.2	0.3	0.5	1.0
3(6.72)	4.520	9.030	13.550	22.600	45.200
6(3.36)	1.130	2.260	3.390	5.650	11.300
10(2.00)	0.400	0.800	1.200	2.000	4.000
20(0.83)	0.069	0.140	0.210	0.350	0.690
40(0.42)	0.018	0.035	0.053	0.088	0.176
60(0.25)	0.006	0.013	0.019	0.031	0.063
80(0.177)	0.003	0.006	0.009	0.016	0.031

二、样品制备

1. 制样目的

制样的目的是对原始样品进行加工,使其满足实验室分析要求,即数量适宜、组成均匀(能代表原始样品)和粒度细。

2. 制样步骤

粉体工程制样的步骤包括破碎、过筛、混匀和缩分。

(1)破碎

破碎一般用球磨机、震动磨、盘磨机和玛瑙研钵等工具,粒度依被测物的性质而定,一般为 74 μm(200 目)。若要测定氧化亚铁等容易被氧化或还原的成分或易挥发的成分,则粒度不可过细,一般为 104 μm(150 目)。样品制备全过程要执行试样制备规范,严防样品丢失和污染,特别是难粉碎样品,要求确保制备的样品能代表原有样品的特性。

(2)混匀

常用的混匀方法有堆锥法和掀角法等,也可采用机械混匀器进行混匀。

①堆锥法。堆锥法常用于手工混合大量的实验室样品。在光滑而干净的混凝土或木制平台上,用铁铲将物料堆成圆锥状,然后从锥底一铲一铲将物料铲起,重新堆成圆锥状。如此来回翻倒数次,直至样品混合均匀。操作时,物料必须从锥堆顶部自然洒落。

②掀角法。掀角法常用于少量细碎样品的混匀。将样品放在光滑的塑料布上,提起塑料布的两个对角,使样品沿塑料布的对角线来回翻滚,然后提起塑料布的另外两个对角使样品翻滚。如此调换对角使样品翻滚多次,直至样品混合均匀。

如果样品粒度分布较宽,则可用合适的筛子将全部样品筛分成粗、细两部分,通过称量求得两部分样品的质量比。将粗、细两部分样品各铺成一个长形料堆，铺料沿纵向往复多层，取料从一端横向截取。

(3)缩分

常用的缩分方法有分样器缩分法、圆锥四分法和棋盘缩分法。

①分样器缩分法。用分样器缩分时，槽宽度应比样品最大粒度大 2～3 倍。将样品倒入分样器，从两侧承接样槽中收集样品后将其均匀分成两份，取其中一份，再进一步破碎、过筛和缩分。用分样器缩分不需先混匀样品。

②圆锥四分法。将样品置于洁净、平整的板面(聚乙烯板或木板等)上，堆成圆锥形，将圆锥尖顶压平，用十字分样板自上压下，分成四等份，保留任意对角的两等份，如附图 1-1 所示；重复上述操作，直至达到所需分析试样的最小质量。

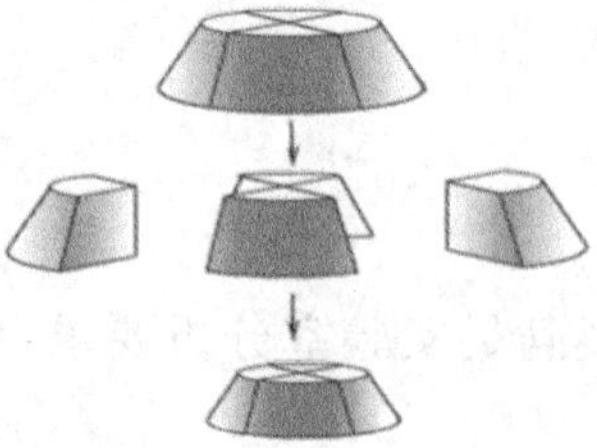

附图 1-1 圆锥四分缩分法

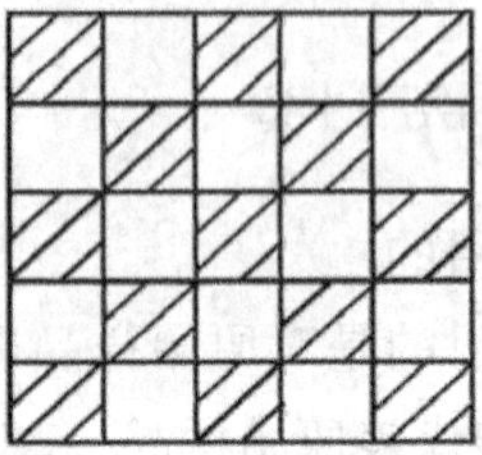

附图 1-2 棋盘缩分法

③棋盘缩分法。将混匀的样品铺成正方形的均匀薄层，用直尺或特制的木格架划分成若干个小正方形，如附图 1-2 所示。将一定间隔内的小正方形中的样品全部取出，放在一起混合均匀，其余部分弃去或留作副样保管。

附录 2 泰勒筛目数与孔径对照表

网目(孔/英寸)	孔径/mm	丝径/mm	网目(孔/英寸)	孔径/mm	丝径/mm
2.5	7.925	2.235	32	0.495	0.300
3	6.680	1.778	35	0.417	0.310
3.5	5.691	1.566	40	0.365	0.270
4	4.699	1.651	42	0.351	0.254
5	3.962	1.118	48	0.295	0.234
6	3.327	0.914	60	0.246	0.178
7	2.794	0.833	65	0.208	0.183
8	2.262	0.813	80	0.176	0.142
9	1.981	0.838	100	0.147	0.107
10	1.651	0.889	115	0.124	0.097
12	1.397	0.711	150	0.104	0.066
14	1.168	0.635	170	0.088	0.061
16	0.991	0.596	230	0.062	0.041
20	0.833	0.437	270	0.053	0.041
24	0.701	0.358	325	0.043	0.036
28	0.589	0.318	400	0.038	0.025
30	0.530	0.317			

附录 3 曲线图像的数字化

有很多场合需要将图片格式的曲线量化处理，即将其变化趋势用尽可能准确的数字坐标量化并表示出来。在计算机图像处理中，这类操作一般被称为曲线图形的数字化。下面以比较复杂的非线性曲线数字化为例，介绍这一过程。

目前，很多国产的粒度分析仪设备配套的数据分析软件尚不支持将粒度分布曲线导出为多列数据格式，而其自身所存储的曲线图片的分辨率又太低，因此，需要采用其他的方法导出该曲线。下面介绍的流程是“图像数字化→导出数据→作初始曲线图并插值处理→重定横坐标→作图”。通过这样一系列流程即可绘制高质量的粒度分布曲线。

1. 图像数字化

用 Excel 或 WPS 等软件打开生成的粒度分析报告，拷贝出其中的图像并另存为图片文件格式（推荐采用 TIFF 格式）。之后运行 GetData Graph Digitizer 2.25软件并打开所存储的图像，点击“操作”设定标尺刻度（或者点击相应的快捷工具按钮），用鼠标光标定位 X 轴的零点。此时，可以在软件窗口右下方查看图像放大细节。当定位基本完成时可以按住“Ctrl”键，使该放大图形停止移动，以实现精确定位，然后单击，程序将自动记录单击所定位的点并弹出对话框，要求输入 X 轴最小值（横轴最小值）。根据情况输入后，程序会提示依据相同的方法定位并输入 X 轴最大值、Y 轴最小值和 Y 轴最大值。全部输入完成后，自动弹出“调整标尺刻度”对话框（此对话框也可以通过点击“操作”，调整标尺刻度来调出），可以调整刚才输入的 4 个值，还可以对横轴或纵轴进行对数坐标处理等操作。粒度分布曲线是一种横轴为常用对数坐标的曲线，为了简化处理，可以直接输入常用对数值。例如，如果粒径区间为 0.01～1000 μm，那么对应的横轴上的范围为−2～3。

上述设置完成后，需要在曲线上选择一系列的点来代表这条曲线。GetData Graph Digitizer 软件的采样取点操作有“自动跟踪线段”“数字化区域”和“点捕捉模式”3 种。对于连续的函数而言，可以选择第一种；对于一个有多条不同颜色线段的图像而言，还需要指定数字化哪一条曲线（可以用曲线颜色来代表）。例如，要数字化红色的粒度分布曲线时，即可点击操作，设定线段颜色，应用与前面相同的选点方法，单击选取曲线上颜色较深的点。此时，软件弹出对话框，显示对应颜色的 RGB 三原色数据，单击“确定”后点击“自动跟踪线段”，使用工具栏上的缩放按钮（或者鼠标滚轮）放大图像。在曲线从左到右的方向上，每隔一定的距离（视每次自动跟踪的计算长度而定）单击一下。每次单击，程序能自动追踪一定长度曲线的轨迹并以粉色散点的形式记录（相邻两点还有粉色细线连接以表示拟合的线段)。多次单击便可完成整条曲线的采样。将图像放大,采用“擦除器”去掉那些不在目标曲线上的错误跟踪的点。如果曲线变化比较剧烈,自动跟踪功能可能出现比较大的误差。此时,可以去掉那些误差大的点,然后采用“点捕捉模式”来多次单击选择定位这些区域的点并采样。若还有少数点之间的细线连接与原始曲线不重合,可采用“重排序工具”,按住鼠标左键,沿着曲线从左到右拖动一遍(中途可间断,程序会记录,之后可以将曲线位置调整好,沿已拖动曲线末端重新拖动),使采样点的顺序从左到右沿原始曲线升序排列,即完成数字化过程。使用上述功能按钮完成操作后,相应的鼠标操作功能不会被自动取消。此时,再次单击相应的按钮一次即可使鼠标指针恢复至原始状态。

2. 导出数据

点击文件,导出数据,将数据另存为 XLS 文件(可用 Excel 或 WPS 等软件打开)。

3. 作初始曲线图并进行插值处理

打开 Origin 8.0 Pro 软件,将表格中的数据拷贝至 Origin 的数据表中并作曲线图。由于上述数字化过程并不能保证不同曲线采样点序列的横坐标一致,因此,不能直接用这些数据作横坐标统一的多曲线图,只能先采用插值的方法将横坐标统一后再绘制多曲线图。保存好当前的工程文件后,依次点击“Analysis”“Mathematics”“Interpolate/Extrapolate”“Open Dialog...”,打开插值运算对话框。其中,“Recalculate”和“Method”分别选择“Auto”和“Line”;插值区间可以尽可能选宽一些,以便于后期调整。同时,为了便于计算和操作,区间边界对应数值的小数位数应尽可能少。例如,能设定为 1.2,就不要设定为 1.21。另外,设定插值点数时,应尽可能保证插值时所计算出的最小点间隔是有限的小数;且应在保证拟合曲线准确的同时,尽可能设置较少数量的差值点数,以减少运算量。如附图 3-1 所示,其插值区间和插值点数分别为［－1.2, 2.2］和 201,即此时将上述区间 200 等分,相应的步长值为 0.017。点击“OK”,此时曲线的插值拟合线段变为红色,在左侧对象窗口中双击“Book1”,数据表中即增加一列用以显示插值运算点纵坐标的数据(201 个)。

4. 重定横坐标

前面的插值处理中并没有针对横坐标的运算,因此,还需要用软件将横坐标计算出来。采用 WPS 新建一个空白表格文档(下面应用的是 WPS Office 2019 教育版,Excel 等软件也有类似的功能),在第一行第一列中输入插值区间的起始值－1.2;将第一列全选,依次单击“开始”选项卡快捷图标区的“行和列”“填充”“序列”,打开“序列”对话框,选择在列中生成等差数列,填入相应的步长值和终止值,如附图 3-2 所示。注意:终止值应设置得比上述区间的最大值略大,这样 WPS 才能够正确计算出全部区间点的横坐标数值,即第 201 点必须为区间的最大值 2.2。

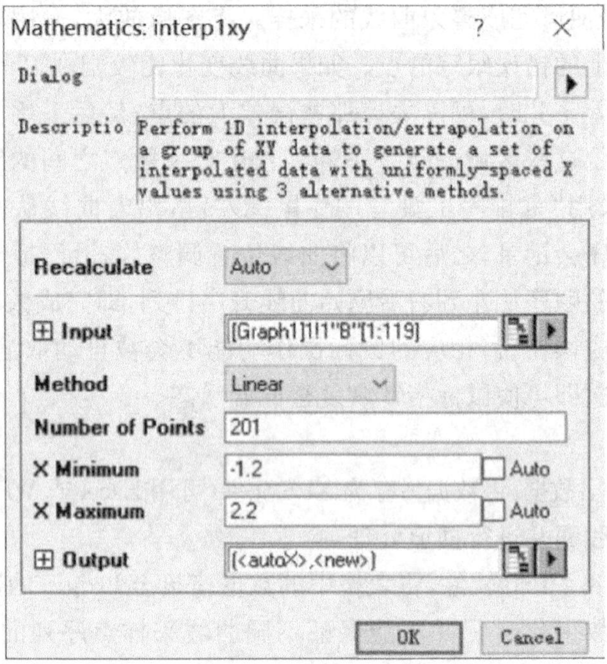

附图 3-1　插值设置对话框

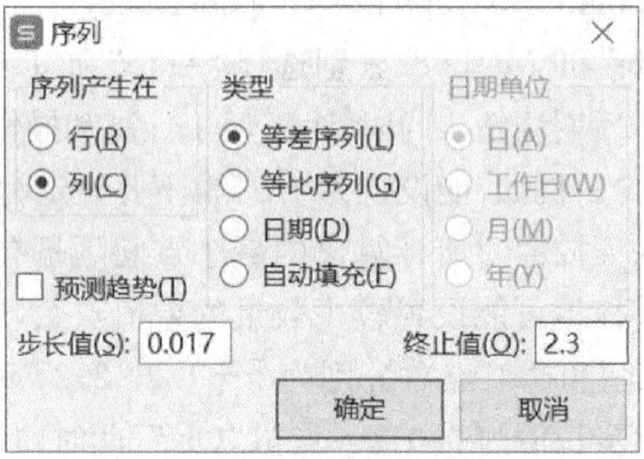

附图 3-2　利用 WPS 计算区间点的横坐标

5. 作图

新建一个 Origin 工程文件，将上述计算好的横坐标拷贝至第一列，再将之前进行插值处理的粒度分布曲线和累积分布曲线的纵坐标数据拷贝至第 2 列和第 3 列，然后根据常规的方法作图，如附图 3-3 所示。注意：这里横坐标的标签应为 lg d，即粒度的常用对数。

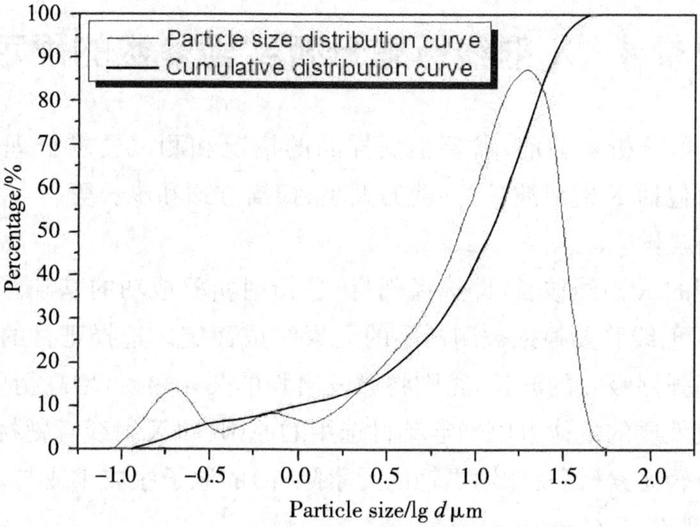

附图 3-3 用 Origin 软件作的粒度分布曲线和粒度累积分布曲线图

附录 4　X 射线衍射分析实验参数的确定

X 射线衍射分析实验前，需要根据样品的情况和测试要求合理确定实验参数。这些参数包括 X 射线波长、狭缝的大小、扫描方式和步长等。

1. X 射线波长

选择适用的 X 射线波长（即选择靶材）是衍射实验成功的基础。实验采用哪一种靶材的 X 射线管要根据被测样品的元素组成而定。选择靶材的原则是避免使用能被样品强烈吸收的波长，否则将激发出强的荧光辐射，增高衍射图的背景。根据元素吸收性质的规律可以确定靶材选用的原则，即 X 射线管靶材的原子序数要比样品中最轻元素（钙及比钙更轻的元素除外）的原子序数小或与之相等，最多不宜大于 1，即 $Z_{靶} \leqslant Z_{样}+1$。

2. 狭缝的大小

狭缝的大小对衍射强度和分辨率都有影响。使用大狭缝可得到较高衍射强度，但会降低分辨率；使用小狭缝能够提高分辨率，但衍射强度会受到损失。一般情况下，需要高衍射强度时宜选大狭缝，需要高分辨率时宜选用小狭缝。每台衍射仪都配有各种狭缝以供选用。其中，发散狭缝的作用是限制光束的照射范围，以免引起大量的附加散射；接收狭缝的作用是限制待测角度附近区域外的射线进入检测器，其宽度对衍射仪的分辨率、线的强度以及峰高/背底比具有重要影响；防散射狭缝是光路中的辅助狭缝，能限制各种附加散射进入检测器。附表 4-1 列出了扫描的起始角与发散狭缝的孔角的关系。

附表 4-1　扫描的起始角 2θ 与发散狭缝的孔角 α 的关系

发散狭缝的孔角 α	所适用的最低衍射角 2θ/(°)	相应的最大面网间距 d / Å		
		Mo Kα	Cu Kα	Co Kα
10′	2.9	14.00	29.50	34.00
30′	8.5	4.80	10.40	12.00
1°	17.0	2.40	5.20	6.05
2°	34.5	1.20	2.60	3.00
3°	56.2	0.80	1.60	1.90
4°	72.8	0.60	1.30	1.50

3. 扫描方式

X 射线衍射仪的扫描方式有连续扫描法和步进扫描法。无论选择哪一种方式，采用快速扫描时都能相当迅速地给出全部衍射花样。快速扫描适用于物质的预检，也特别适合于对物质进行鉴定和定性估计。而对衍射花样的局部进行非常慢的再扫描则适用于精细区分衍射花样的细节和进行定量的测量，如混合物相的定量分析、晶面间距的精确测定、晶粒尺寸和点阵畸变的研究等。附表 4-2 列举了各种测试目的对应的衍射仪工作参数的设定。

①连续扫描。试样和接收狭缝按 1∶2 的角速度比以固定速度转动。在转动过程中，检测器连续测量 X 射线的散射强度，各个面网生成的衍射线将依次被接收。目前，衍射仪均采用步进电机来驱动测角仪转动，因此，实际上转动并不是严格连续的，而是一步一步跳跃式的(转动速度慢时特别明显)。但是，检测器及测量系统是连续工作的。

连续扫描的优点是工作效率高。例如，设定扫描速度为每分钟 10°(2θ 角)，扫描范围为 20°～80°，6 min 即可完成扫描，而且也有较高的分辨率、灵敏度和精确度。连续扫描在大量的日常工作(一般是物相鉴定工作)中是非常合适的，但是，在使用长图记录仪时，记录图会受计数率表 RC 的影响，须适当地选择时间常数。

②步进扫描。试样每转动一定的角度($\Delta\theta$)就停止，然后测量记录系统开始工作，测量一个固定时间内的总计数(或计数率)，并将此总计数与此时的 2θ 角记录下来，然后使试样再转动一定的角度($\Delta\theta$)并进行测量。如此一步步进行下去，直至完成衍射图的扫描。

4. 步长

用计算机进行衍射数据采集时，可以选连续扫描方式，也可以选步进扫描方式，但这两种方式都要选择适当的步长(或称步宽)。采样步长小，数据个数增加，每步强度总计数小，计数误差大，但能更好地再现衍射的剖面图；采样步长大，能减少数据的个数，减少数据处理时的数据量，每步强度总计数较大，计数误差较小，但会影响衍射剖面图的再现。为保证衍射峰的检出，采样步长不能大于衍射峰半高宽(full width at half maximum，FWHM)的 1/2。

衍射仪的工作条件对仪器 2θ 角分辨能力和衍射强度的影响可以从附表 4-2 中清楚地看到。此表列举了若干典型的测试目的与衍射仪配套实验条件的选择，可供实验者参考。

要想得到一张能显示物质精细变化的高质量衍射图，应根据不同的分析目的来确定各种参数。附表 4-3 提供了一些可供选用的参考方案。对于某些要求较高的特殊应用场合(如 Rietveld 精修)，则需要根据其实际情况选择实验参数。例如，综合平衡步宽、峰强度与停留时间，使所得峰强度位于最佳的计数率范围内。必要时可参考相关的专业资料。

附表 4-2　测试目的与衍射仪工作参数的设定

测试目的	发散狭缝/(°)	接收狭缝/mm	扫描速度/[(°)/min]	时间常数/s	样品厚度
定性鉴定样品的主要组分，记录大角度范围的衍射图	2(中等)	0.2～0.6(中到大)	2 或 4	≈1	厚
定性鉴定样品的少量组分，记录大角度范围的衍射图	4(大)	0.2～0.4(中等)	2	≈1	厚
精确测定积分强度(尖锐的峰)	4(大)	0.4 或特宽	1/8、1/4 或定点测量	>5	厚
精确测定积分强度(宽的峰)	4(大)	0.6(大)	1/4 或 1/2	>5	厚
取得细节清楚、分辨率良好的一小段衍射图	1(小)	0.08～0.2(小)	1/8 或 1/4	3	薄
研究衍射峰的变化	1(小)	0.08(小)	1/8	3	薄
精确测定晶胞常数	1(小)	≤0.24(小)	1/8	>5	薄

附表 4-3　实验参数的设定

条件	未知试样的简单物相分析	含铁化合物的物相分析	有机高分子物相分析	能量相分析	定量相分析	点阵常数的测定
靶材	Cu	Cr, Fe, Co	Cu	Cu	Cu	Cu, Co
K_β滤波片	Ni	V, Mn, Fe	Ni	Ni	Ni	Ni, Fe
管压/kV	35～45	20～40	35～45	35～45	35～45	35～45
管流/mA	30～40	20～40	30～40	30～40	30～40	30～40
时间常数/s	1, 0.5	1, 0.5	2, 1	2～10	2～10	1～5
扫描速度/[(°)/min]	2, 4	2, 4	1, 2	1/2, 1	1/4, 1/2	1/8～1/4
D. S/(°)	1	1	1/2, 1	1	1/2, 1, 2	1
R. S/(°)	0.3	0.3	0.15, 0.3	0.3, 0.6	0.15, 0.3, 0.6	0.15, 0.3
扫描范围/(°)	2～90	10～120	2～60	2～90	依据需要测定	测定至尽可能高的角度范围

附录 5　X 射线衍射分析常用的数据库

目前，X 射线衍射分析已广泛应用于材料、化学、环境和地质等相关学科，而其定性分析与定量分析都离不开各种数据库的支持。常用的数据库有粉末衍射卡片数据库和晶体结构数据库等。

1. 粉末衍射卡片数据库

通过将各种已知物相衍射花样规范化，即在规定各种标准的衍射实验参数的前提下，收集各种标准物质的衍射线的强度及位置，并将各个物质的上述信息集合采用某种索引方式编辑在一起，构成相应的手册书籍或数据库。上述工作主要由国际衍射数据中心负责，其编辑出版的衍射数据集合称为粉末衍射卡片(powder diffraction file，PDF)。目前，常见的卡片都已经编译成为数据库的形式，可供计算机快速检索。商业化的 PDF 卡片可分为 PDF-2 系列和 PDF-4＋系列两大类，以前者为主。

从一张 PDF 卡片中，我们可以得到物质的各种晶体学、化学和光学性质以及作为主体的衍射数据等信息。现在的衍射仪均使用电子版的 PDF 卡片。下面是采用 PANalytical HighScore Plus 3. 0e 软件调出的一个 α-$Sr_2P_2O_7$ 的 PDF-2 卡片，大致包括七类数据。

卡片中的 Z 值即为一个晶胞内部具备的由结构式表示的原子组的数量，是结晶学中一个有特定意义的参数。具体到上述卡片中的化合物，其单位晶胞内部包含的以 $Sr_2P_2O_7$ 表示的原子组数为 4，即其中 Sr、P 和 O 的原子个数分别为 8、8 和 28。卡片的级别类似于化学试剂的分级，即按照可靠度分为“Star”(表示数据高度可靠)、“Calculated”(表示此图谱为程序计算生成)、“Indexed”(表示已经指标化，但是可靠程度比前者稍差)和无标记(表示可靠程度一般)四类。

Name and formula

Reference code:	00-024－1011
Compound name:	Strontium Phosphate
PDF index name:	Strontium Phosphate
Empirical formula:	$O_7P_2Sr_2$
Chemical formula:	$Sr_2P_2O_7$
Second chemical formula:	$2SrO \cdot P_2O_5$

卡片基本信息：含卡片编号(由 PDF-4＋专属两位序列号、三位组号和四位卡片号组成)、物质英文名称信息和各种形式的化学计量式等

Crystallographic parameter

Crystal system：	Orthorhombic
Space group：	Pnam E
Space group number：	62
a (Å)：	8.9170
b (Å)：	13.1690
c (Å)：	5.4000
Alpha (°)：	90.0000
Beta (°)：	90.0000
Gamma(°)：	90.0000
Calculated density (g/cm^3)：	3.66
Volume of cell (10^6 pm^3)：	634.11
Z：	4.00
RIR：	2.30

结晶学参数：含晶系名称、空间群与编号、晶胞参数、理论密度、晶胞体积和结晶学 Z 值等信息

Subfiles and quality

Subfiles：	Common Phase Inorganic NBS pattern
Quality：	Star (S)

从属数据库与卡片级别：含该卡片所属的子类数据库类型和卡片的可靠度等信息

Comments

Color：	Colorless
Creation Date：	1970/1/1
Modification Date：	1970/1/1
Color：	Colorless. Space group from Brown and Calvo, J. Solid State Chem., 1, 173 (1970)
Sample Preparation：	The sample was prepared by adding dilute NH_4OH to a hot concentrated aqueous solution of $SrCl_2$ and Na_3PO_4. The precipitate was filtered, washed with alcohol and heated to 1200 ℃ for ten minutes
Temperature of Data Collection：	Pattern at 25 ℃
Additional Patterns：	To replace 00-012-0362

相关的注释：含相应化合物的颜色、样品制备方法、测试条件、本卡片的创建和修改时间等信息

References

Primary reference: Natl. Bur. Stand. (U. S.)Monogr. 25, 11, 62, (1974)

参考文献:该化合物 PDF 卡片信息的文献来源

Peak List

No.	h	k	l	d [A]	2Theta[deg]	I [%]
1	1	1	0	7.40000	11.950	35.0
2	0	2	0	6.60000	13.405	13.0
3	1	2	0	5.30000	16.714	3.0
4	0	1	1	5.01000	17.689	3.0

(其他衍射峰数据省略)

衍射峰列表:含该化合物的所有衍射峰的编号、对应的衍射面网指数和间距、衍射角和相对强度等信息

Stick Pattern

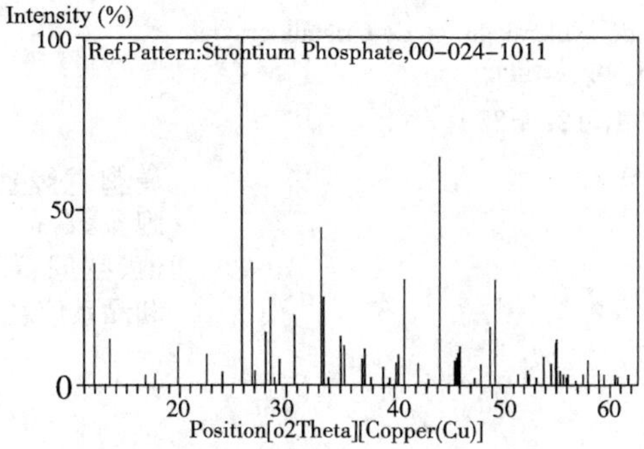

柱状图谱:采用竖线表示的标准衍射图谱,竖线的水平位置和高度分别表示衍射峰的位置和相对强度

2. 晶体结构数据库

PDF 卡片重点列举的是物质的衍射信息,以粉末物质的众多衍射峰的衍射峰位置和相对强度值等信息为主,因此,其主要适用于物相分析。衍射学的高级应用中,往往涉及晶体结构层面的信息(含原子的坐标和占位率等),此时传统的粉末衍射卡片数据库便无法胜任。对此,我们一般采用的是晶体结构数据库。常用的晶体结构数据库有剑桥晶体结构数据库(Cambridge structure database, CCDC 1.8)和无机晶体结构数据库(inorganic crystal structure database, FindIt 1.4.6)两大类,其中前者主要针对有机高分子和有机小分子等物质,而后者则主要针对除金属之外的非金属材料。这两类数据库中的卡片和前面的粉末衍射卡片数据库相关。下面给出的是 α-$Sr_2P_2O_7$ 在无机晶体结构数据库中的卡片。

* data for	ICSD #34467	
Coll Code	34467	
Rec Date	1980/01/01	卡片录入日期
Mod Date	2003/10/01	卡片修改日期
Chem Name	Distrontium Diphosphate (V)-Alpha	化合物名称
Structured	$Sr_2(P_2O_7)$	结构式相关信息
Sum	$O_7P_2Sr_2$	
ANX	$A_2B_2X_7$	
D (calc)	3.65	理论密度
Title	Mise au point sur la structurecristallographique de alpha-$Sr_2P_2O_7$	相关研究文献：含标题、作者和来源刊物等信息
Author (s)	Grenier, J. C.; Masse, A.	
Reference	Bulletin de laSociete Francaise de Mineralogie et de Cristallographie (72, 1949—100, 1977) (1969), 92, 91—92 Phase Transition (1992), 38, 127—220	
Unit Cell	8.87 13.27 5.39 90. 90. 90.	晶胞参数信息：含晶胞参数、晶胞体积、*Z*值、空间群及其编号和晶系信息等信息
Vol	634.43	
Z	4	
Space Group	Pnam	
SG Number	62	
Cryst Sys	orthorhombic	
Pearson	oP44	
Wyckoff	d2 c7	
R Value	0.1	
Red Cell	P 5.39 8.87 13.27 90 90 90 634.429	
Trans Red	0.000 0.000 1.000 / 1.000 0.000 0.000 / 0.000 1.000 0.000	
Comments	Stable up to 1531 K (2nd ref., Tomaszewski) The structure has been assigned a PDF number (experimental powder diffraction data): 24—1011 Standard deviation missing in cell constants Temperature factors available Structuretype : Sr2P2O7 X-ray diffraction from single crystal Coordinates are those given in the paper but are obviously wrong	相关注释：含物相稳定特性、与粉末衍射卡片数据库的联系和结构数据的某些特性等信息

Atom	#	OX	SITE	x	y	z	SOF	H	ITF(B)
Sr	1	+2	4 c	0.1737(2)	0.2397(2)	0.75	1.	0	0.4
Sr	2	+2	4 c	0.3762(2)	0.4129(2)	0.25	1.	0	0.7
P	1	25	4 c	0.2250(4)	0.0349(4)	0.25	1.	0	0.76
P	2	25	4 c	0.4690(4)	0.1822(4)	0.25	1.	0	0.42
O	1	−2	8 d	0.1499(6)	0.0776(6)	0.0210(22)	1.	0	0.77
O	2	−2	8 d	0.4167(5)	0.2344(6)	0.0080(26)	1.	0	0.83
O	3	−2	4 c	0.3978(19)	0.0670(14)	0.25	1.	0	0.74
O	4	−2	4 c	0.2307(8)	−0.0807(9)	0.25	1.	0	1.4
O	5	−2	4 c	0.6342(12)	0.1627(9)	0.25	1.	0	0.58

晶体结构数据主体信息：含原子类型、编号、氧化态、Wyckoff 位置类型、空间坐标、占位率和热振动因子等信息

* end for　ICSD #34467

可以看出，晶体结构数据库中卡片的很多信息与粉末衍射卡片类似，如化合物的基本特性、晶胞参数、引用文献与注释等，其与粉末衍射卡片的不同之处在于其数据主体为晶胞内部原子的位置信息。这些信息是与衍射学相关的高级应用（如结构测定和 Rietveld 精修计算等）中建立晶体结构模型的基础。除此之外，晶体结构数据库中大多数卡片都有与其对应的粉末衍射卡片。两类卡片以不同的角度和侧重点描述同一种物质。如果一个粉末衍射卡片在晶体结构数据库中有对应的卡片，那么绝大多数情况下这些粉末衍射卡片的可靠度在数据库中都是最高的，即往往只有星级和计算型 PDF 卡片才能在晶体结构数据库中找到对应的卡片。

附录 6 Rietvled 精修实验操作

目前,Rietveld 精修法在材料学中的很多领域都得到了应用,且正在逐渐地向着标准的材料表征方法的方向发展。该方法由荷兰的晶体学家 Hugo M. Rietveld 于 1967 年提出,是一种用多晶衍射数据全谱拟合和修正晶体结构的方法。即在给定初始晶体结构模型和参数的基础上,利用一定的峰形函数来计算多晶衍射谱,用最小二乘法不断调整晶体结构参数和峰形函数,使计算谱不断向实验谱逼近,从而获得修正的结构函数。目前,该方法除了可以用来修正晶体结构之外,还可以用于多晶衍射传统应用领域的定量分析、晶粒度测定和微结构分析,具有广阔的应用前景。

目前,很多 X 射线衍射仪的专用程序都能够进行 Rietveld 精修计算,下面主要讨论新版的 GSAS-II 软件。与老版本的 GSAS/EXPGUI 不同,GSAS-II 程序启动后有 3 个窗口:数据窗口(Data Window),用于显示用户运行的 GSAS-II 工程文件的参数信息;GSAS-II 绘图窗口(GSAS-II Plots),用于显示当前活动(即正在进行操作)的图形,其可以是晶体结构、粉末衍射图谱等;GSAS-II 控制台窗口(GSAS-II console),用于实时地显示错误信息以及某些计算的结果。下面列举的是具备六方晶体构型的 α-$Sr_3(PO_4)_2$ 粉末的精修过程,通过精修可以得到修正的晶胞参数和晶粒平均大小等信息。

1. 导入粉末衍射图谱数据文件

准备好粉末衍射的纯文本文件,利用 XY2GSAS 程序将其转换为 GSAS 系列程序能够读取的 GSA 文件。在 GSAS-II 数据窗口中单击程序数据窗口菜单栏中的"Import",然后依次点击"Powder Data"和"from GSAS powder data file"命令,打开上述 GSA 文件。在接下来弹出的第 2 个选择仪器文件的对话框[名为"Choose inst. param file for 'xxxxx. XRA Bank 1'(or Cancel for default)",其中"xxxxx"即为保存 GSA 文件时所用的文件名]中选择"Cancel",在弹出的窗口中选择程序内置的标准仪器文件,即如附图 6-1 所示窗口中的第 1 项"Defaults for CuKa lab data",单击"OK"即可完成文件的导入。

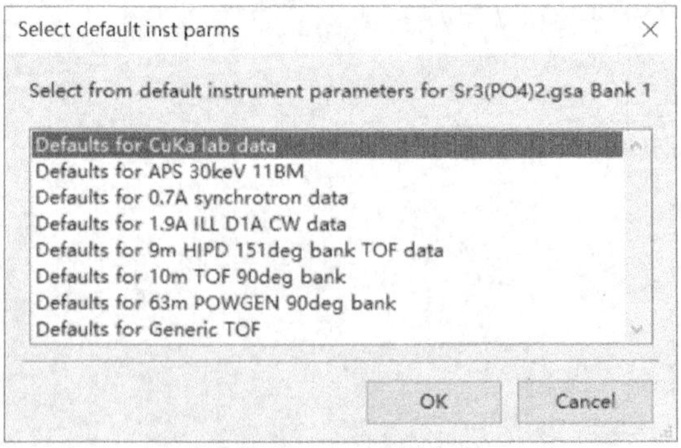

附图 6-1 GSAS-II 系统中选择内置标准仪器文件

2. 创建物相

单击程序数据窗口菜单栏中的“Data”，点击“Add new phase”，针对所要计算的化合物创建一个新的物相，在弹出的对话框中输入物相“Sr3(PO4)2”。此时，数据窗口界面中将显示与该物相有关的晶体结构参数信息，如附图 6-2 所示。单击窗口中的“Space group”按钮，在弹出的窗口中输入该物相的空间群符号“R-3 mH”并确定，然后在晶胞参数显示区输入初始晶胞参数：$a=5.3901$，$c=19.7850$，软件中默认单位为 Å。接下来，单击数据窗口上方的“Data”选项卡，单击程序数据窗口菜单栏中的“Edit phase”，然后点击“Add powder histograms”，弹出一个与应用数据有关的对话框。此对话框中只有一个数据集选项，即“0) PWDR Sr3(PO4)2. gsa Bank 1”，勾选前面的复选框并单击“OK”按钮即可完成物相的创建。

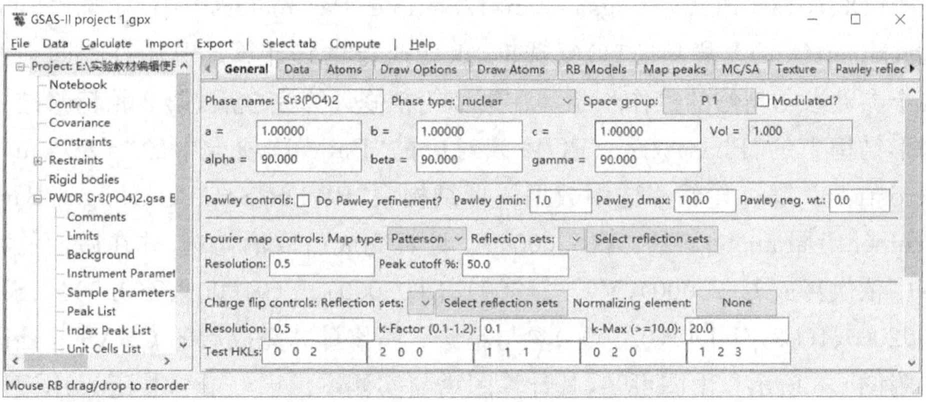

附图 6-2 GSAS-II 程序的数据窗口

3. 输入原子信息

点击数据窗口上方的“Atoms”选项卡(可供用户输入所要求解结构的原子信息)，在保持当前窗口界面为“Atoms”选项卡的同时，单击程序数据窗口菜单栏中的“Edit”，然后点击“Append atom”，创建与附表 6-1 相同的原子信息列表。

4. 逐步释放需要精修的参数参与精修

在数据窗口左侧数据树形结构中选中“Background”，确定其背景函数为“chebyschev”并将其系数项(Number of coeff.)设为 4，单击程序数据窗口菜单栏中的“Calculate”，然后点击“Refine”。此时，系统会提示存储工程文件，存储完毕便开始精修计算。首次修正的除了背景函数外，还有样品标度因子(Histogram scale factor)，修正完成后相应的进度条窗口会消失。此时，单击数据窗口左侧数据树形结构中的“PWDR Sr3(PO4)2. gsa Bank1”，可显示本轮精修结束后的各个指标参数的值。

附表 6-1 α-$Sr_3(PO_4)_2$化合物的原子坐标数据

原子类型	x	y	z
Sr1	0	0	0
Sr2	0	0	0.20653
P1	0	0	0.4065
O1	0	0	0.3296
O2	0.8437	0.1563	0.4329

接下来，选中数据树形结构中的“Phases/Sr3(PO4)2”并在对应的“General”选项卡中勾选“Refine unit cell:”(修正晶胞参数)复选框，然后在数据树形结构中的“PWDR Sr3(PO4)2.gsa Bank1/Sample Parameters”中勾选“Sample displacement(μm)”(样品偏离)复选框，重新执行精修计算。上述过程即为释放这两个参数参与精修的操作步骤。在第2轮精修计算完成后，第3轮精修选中数据树形结构中的“Phases/Sr3(PO4)2”对应的“Data”选项卡中的“size(μm)”和“microstrain”；第4轮精修选中数据树形结构中“PWDR Sr3(PO4)2.gsa Bank1/Instrument Parameters”的“W(5.000)”。计算完成后取消勾选，并在后面的精修计算中依次释放U(2.000)、V(−2.000)、X(0.000)、Y(0.000)、Z(0.000)、SH/L(0.00200)、I(L2)/I(L1)(0.5000)参与精修。精修计算完成后的GSAS-Ⅱ绘图窗口如附图6-3所示。由图可知，其计算图谱与实测图谱已经非常接近。用记事本打开与工程文件存储位置相同且同名的LST文件，可以查看精修报告。其中显示的精修指标参数为wR=13.51%，chi * * 2 = 24692.3，GOF = 2.85，表明相应的计算结果能够被接受。

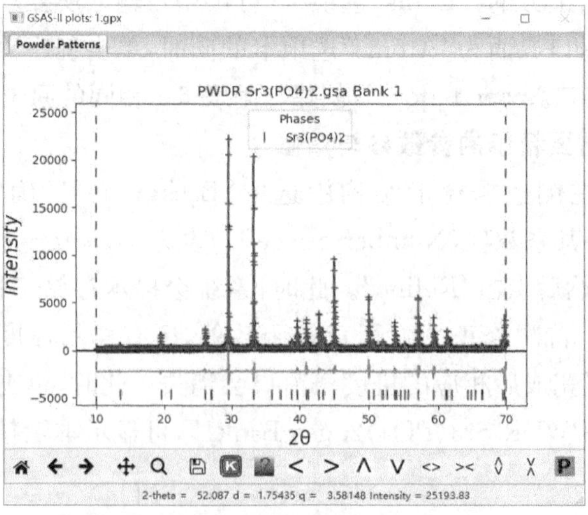

附图 6-3 精修结束后的 GSAS-Ⅱ绘图窗口

附录 7 粉末衍射图谱模拟

GSAS-Ⅱ程序除用于精修拟合衍射图谱之外，还可用于模拟衍射实验。GSAS-Ⅱ可以根据操作者的要求生成定量化的衍射模型，因而可以准确反映并预测出相应的衍射特性，为新型材料的开发提供帮助。下面我们以高分子聚合物$(C_{22}H_{30}N_4O_8)_n$为例，介绍一下图谱模拟的过程。

1. 准备 CIF 文件并导入

通过查阅剑桥晶体结构数据库，找到具备相应组成的记录，将其导出为 CIF 文件(使用剑桥晶体数据库的默认名称保存，其名称为 IYUBEL. cif)。启动 GSAS-II 程序，依次单击程序数据窗口菜单栏中的“File”和“New”，新建一个空白工程，然后单击程序数据窗口菜单栏中的“Import”，点击“Phase”，打开“from CIF file”对话框，打开上述 CIF 文件，在弹出的对话框中输入物相的名称，即可完成文件的导入。

2. 创建衍射模拟数据分布直方图

单击程序数据窗口菜单栏中的“Import”，然后依次点击“Powder data”和“Simulated a dataset”，创建一个虚拟衍射仪器用的数据分布直方图，此时会弹出对话框，提示用户选择仪器参数文件，单击“Cancel”可加载 GSAS-II 系统内置的仪器参数文件。在这里，我们仍然选择“Defaults for CuKa lab data”，即模拟普通实验室型衍射仪的衍射，单击“OK”后会弹出对话框，提示用户输入所创建的数据分布直方图的名称、衍射角度范围和步长值，如附图 7-1 所示。完成输入后，点击“OK”会弹出对话框，提示用户选择与所创建的数据分布直方图链接的物相，如附图 7-2 所示，此时勾选对应物相前面的复选框，单击“OK”即可完成链接。

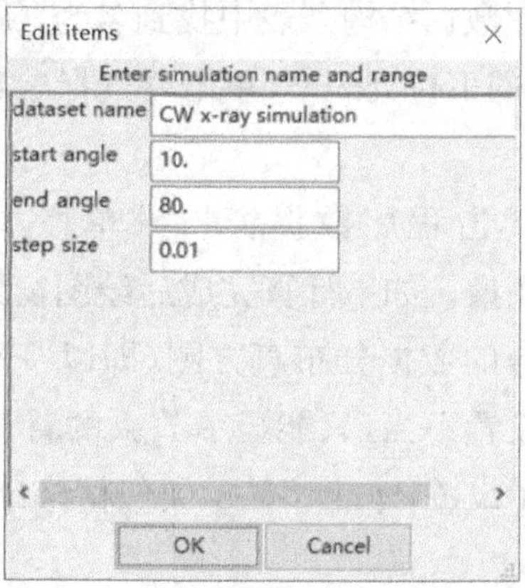

附图 7-1 填写数据分布直方图的信息

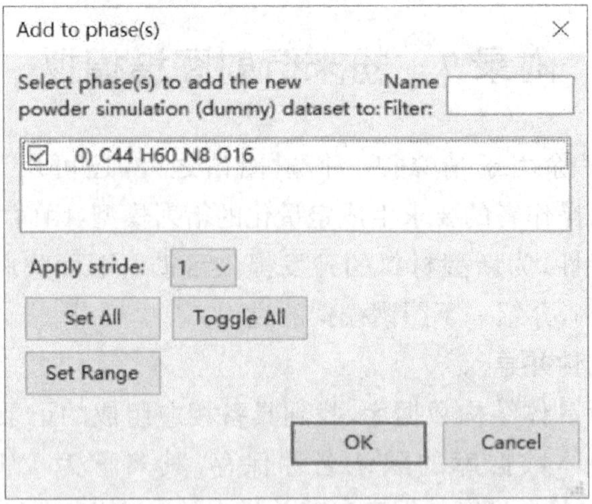

附图 7-2　将物相与所创建的衍射模拟数据分布直方图链接

上述操作完成之后，即可创建一个完整的用于虚拟衍射仪器的数据分布直方图，且用户可以在数据窗口左侧的树形数据结构列表中找到与该直方图相关且以其为主项目的众多数据子项，其对应的名称为“PWDR CW x-ray simulation”(与附图 7-1 中规定的“dataset name”相同)。

3. 设定物相模拟参数

对于多相混合系统，此处需要设定物相的摩尔分数；而对于本实例中所要模拟的单一的物相，则可以设定粉末样品的粒度等信息。标度因子的设定直接决定了后续的衍射图谱计算的强度值。对于 X 射线衍射图谱而言，采用与系统的默认值(即为 1.0)相差不大的值时，模拟生成的图谱即有合理的强度范围。在数据窗口中找到“Sample Parameters”子项目，并将其中“Histogram scale factor”的值改为 2.000。

4. 关闭相应的优化选项

在数据窗口左侧的树形数据结构列表中找到名为“Control”的数据子项，在窗口右侧找到名为“Max cycles”的下拉列表框，单击并选择参数“0”。

5. 计算衍射图谱

在上述设定完成后，单击程序数据窗口菜单栏中的“Calculate”，然后点击“Refine”，计算模拟的衍射图谱。如果计算完成后绘图窗口中未显示图谱，那么可以通过单击数据窗口左侧相应的数据分布直方图(即以“PWDR”开头的项目)来显示图谱。如果绘图窗口默认设置不当，只能显示放大的背景，那么还需要进行一系列针对绘图窗口的快捷键显示设置，才能够显示类似精修计算过程结束后生成的完整衍射图谱，如附图 7-3 所示。

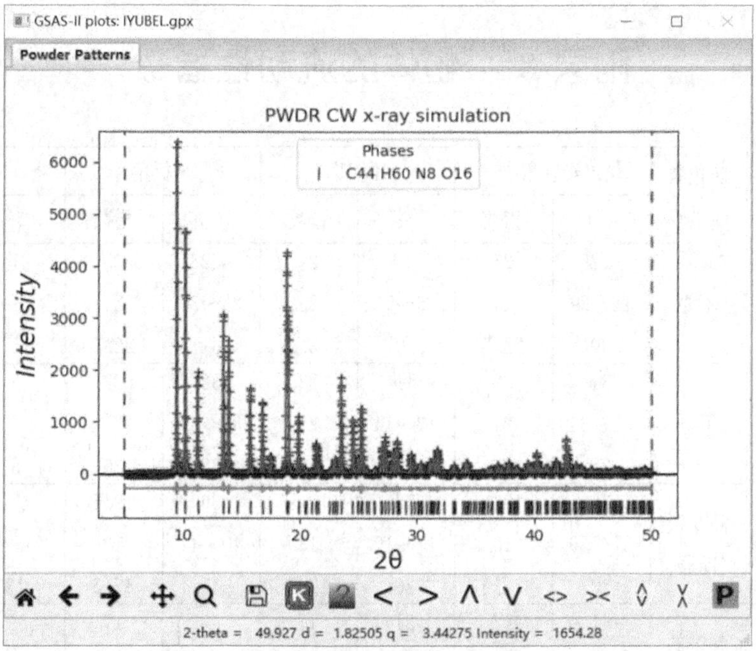

附图 7-3 计算过程完成后生成的模拟衍射图谱

值得注意的是，模拟图谱计算模式中对应于精修过程的观测谱与计算谱是一致的。因此，附图 7-3 中由符号“+”表示的观测谱和由实线表示的计算谱是重合的。图中下方差值曲线显示的两者微小的不重合反映的是模拟计算噪声。

附录8 粉体的流动性指数

流动性程度	流动性指数	防止溢流措施	安息角		压缩率		平板角		均齐度	
			(°)	指数	%	指数	(°)	指数	%	指数
很好	90～100	不要	<26	25	<6	25	<26	25	1	25
			26～29	24	6～9	23	26～30	24	2～4	23
			30	22.5	10	22.5	31	22.5	5	22.5
良好	80～89	不要	31	22	11	22	32	22	6	22
			32～34	21	12～14	21	33～37	21	7	21
			35	20	15	20	38	20	8	20
比较好	70～79	需要振动器	36	19.5	16	19.5	39	19.5	9	19
			37～39	18	17～19	18	40～44	18	10～11	18
			40	17.5	20	17.5	45	17.5	12	17.5
一般	60～69	起拱的临界点	41	17	21	17	46	17	13	17
			42～44	16	22～24	16	47～56	16	14～16	16
			45	15	25	15	60	15	17	15
不太好	40～59	必要	46	14.5	26	14.5	61	14.5	18	14.5
			47～54	12	27～30	12	62～74	12	19～21	12
			55	10	31	10	75	10	22	10
不好	20～39	需要有力措施	56	9	32	9.5	76	9.5	23	9.5
			57～64	7	33～36	7	77～89	7	24～26	7
			65	5	37	5	90	5	27	5
非常差	0～19	需要特殊装置和措施	66	4.5	38	4.5	91	4.5	28	4.5
			67～89	2	39～45	2	92～99	2	29～35	2
			90	0	>45	0	>99	0	>35	0

注:流动性指数＝安息角指数＋压缩率指数＋平板角指数＋均齐度指数。

附录9 粉体的溢流性指数

流动性程度	流动性指数	防止溢流措施	流动性		崩塌角		差角		分散度	
			(°)	指数	(°)	指数	(°)	指数	%	指数
非常强	80～100	必须环向密封	>59 56～59 55 54 50～53 49	25 24 22.5 22 21 20	10 11～19 20 21 22～24 25	25 24 22.5 22 21 20	>29 28～29 27 26 25 24	25 24 22.5 22 21 20	>49 44～49 43 42 36～41 35	25 24 22.5 22 21 20
相当强	60～79	需要环向密封	48 45～47 44 43 40～42 39	19.5 18 17.5 17 16 15	26 27～29 30 31 32～39 40	19.5 18 17.5 17 16 15	23 20～22 19 18 16～17 15	19.5 18 17.5 17 16 15	34 29～33 28 27 21～26 20	19.5 18 17.5 17 16 15
有倾向	40～59	有时需要环向密封	38 34～37 33	14.5 12 10	41 42～49 50	14.5 12 10	14 11～23 10	14.5 12 10	19 11～18 10	14.5 12 10
也许有	25～39	由给料状态或流动速度决定是否需要密封	32 29～31 28	9.5 8 6.25	51 52～56 57	9.5 8 6.25	9 8 7	9.5 8 6.25	9 8 7	9.5 8 6.25
无	0～24	不需要	27 23～26 >23	6 3 0	58 59～64 >64	6 3 0	6 1～5 0	6 3 0	6 1～5 0	6 3 0

注:溢流性指数＝流动性指数＋崩塌角指数＋差角指数＋分散度指数。

参考文献

[1] 黄冬明,范秀敏,武殿梁,等. 挤压类破碎机破碎产品粒度分析 [J]. 机械工程学报,2008,44(5):201—207.

[2] 杜海东. 复摆颚式破碎机动颚齿板及其与单个物料相互作用特性的分析 [D]. 太原:太原理工大学,2011.

[3] 韩跃新,刘磊,袁致涛. 高压辊磨机和颚式破碎机粉碎贫赤铁矿产品特性比较 [J]. 矿冶工程,2012,32(z1):24—26.

[4] 陆厚根. 粉体技术导论 [M]. 上海:同济大学出版社,1998.

[5] 张伟. 单分散球形 α 氧化铝单晶颗粒及其复合材料的研究 [D]. 兰州:兰州大学,2016.

[6] 张克立,孙聚堂,袁良杰,等. 无机合成化学 [M]. 武汉:武汉大学出版社,2004.

[7] 李来强,王树林,韩光强,等. 气-固反应法制备纳米结构氧化锌及其生长机制 [J]. 机械工程材料,2010,34(8):75—78.

[8] 郭连峰,张文光,王成焘. 纳米羟基磷灰石的制备及结晶尺寸的控制[J]. 无机化学学报,2004,20(3):291—296.

[9] 王德平,王璐,黄文昰. pH 值对化学沉淀法制备纳米羟基磷灰石的影响 [J]. 同济大学学报(自然科学版),2005,33(1):93—98.

[10] 李颖华,曹丽云,黄剑锋,等. 生物医用纳米羟基磷灰石的性质及其制备 [J]. 中国组织工程研究与临床康复,2008,12(41):8143—8146.

[11] 韩丽. 氧化锌纳米微晶的制备与表征 [D]. 天津:天津大学,2007.

[12] 訾振发,戴结林. 纳米 ZnO 粉体的制备及其微结构 [J]. 合肥师范学院学报,2007,25(6):21—24.

[13] 王晓东,霍书娟,李凡,等. 纳米晶氧化锌微球的制备 [J]. 功能材料,2006,37(11):1825—1827.

[14] 郭雨,石国亮,王军锋,等. 均相还原法制备八面体氧化亚铜晶体 [J]. 合成化学,2008,16(3):340—341.

[15] 黄新友. 无机非金属材料专业综合实验与课程实验 [M]. 北京:化学工业出版社,2008.

[16] 李宗儒,薛永强,崔子祥. 纳米铜微波法的制备及其粒度影响因素的探究 [J]. 材料科学与工程学报,2018,36(3):423—426,398.

[17] 牛雨萌,赖奕坚,赵斌元,等. 微纳米铜粉的制备工艺与应用特性 [J]. 功能材料,2018,49(5):5041－5048,5055.

[18] 李文聪,潘涌璋,王珺,等. 二氧化硫脲还原法制备纳米铜颗粒 [J]. 过程工程学报,2014,14(6):1029－1034.

[19] 刘锦涛,马运柱,刘文胜,等. 多形貌纳米银粒子的制备工艺研究 [J]. 功能材料,2018,49(7):7197－7203.

[20] 王昀,陈雪梅. 高长径比高纯纳米银线的制备 [J]. 中国有色金属学报,2017,27(11):2322－2328.

[21] 任焕章,宋永辉,周家霆. 水浴加热 PVP 还原制备花朵状纳米银粉 [J]. 有色金属(冶炼部分),2017(4):52－57.

[22] ZHANG S Q, LIU X, ZHANG Y F, et al. Study on the synthesis of MFI and FER in the presence of *n*-butylamine and the property of *n*-butylamine in a confined region of zeolites [J]. RSC Advances, 2016, 6(115): 114808－114817.

[23] 徐如人,庞文琴,霍启升,等. 分子筛与多孔材料化学 [M]. 2 版. 北京:科学出版社,2015.

[24] 崔淼. 以硅酸盐矿物为原料的分子筛合成及机理研究 [D]. 大连:大连理工大学,2015.

[25] 周静思. 不同粒度与硅铝比的 ZSM-5 合成研究 [D]. 大连:大连理工大学,2015.

[26] 三轮茂雄,日高重助. 粉体工程实验手册 [M]. 杨伦,谢淑娴,译. 北京:中国建筑工业出版社,1987.

[27] 王传虎,葛金龙,曾小剑. 超细硅微粉表面改性的研究 [J]. 非金属矿,2009,32(4):14－16.

[28] 陈泉水. 粉石英表面改性及其作用研究 [J]. 非金属矿,2001,24(2):15－17.

[29] 李金涛,林金辉. 粉石英表面改性及其效果的表征 [J]. 非金属矿,2004,27(3):16－17,42.

[30] 杨华明,谭定桥,陈德良,等. 活性粉石英的制备及应用 [J]. 非金属矿,2002,25(5):33－34.

[31]张莉,王红艳,张雪梅. 分离检测实训 [M]. 合肥:中国科学技术大学出版社,2013.

[32] 陶珍东,郑少华. 用旋风分离器进行微细粉分级的可行性 [J]. 化工装备技术,1995,16(1):14－16.

[33] 吴其胜,张少明,马振华. 超细分级技术的现状与发展 [J]. 硅酸盐通报,

1997(6):45—49,63.

[34] 卢寿慈. 粉体加工技术 [M]. 北京:中国轻工业出版社,1999.

[35] 陶珍东,郑少华. 粉体工程与设备 [M]. 3 版. 北京:化学工业出版社,2015.

[36] 李善忠. 材料化学实验 [M]. 北京:化学工业出版社,2011.

[37] KRUK M, JARONIEC M. Gas adsorption characterization of ordered organic-inorganic nanocomposite materials [J]. Chemistry of Materials, 2001, 13(10):3169—3183.

[38] NIU F E, WANG J, WANG N N, et al. $MoSe_2$-covered N, P-doped carbon nanosheets as a long-life and high-rate anode material for sodium ion batteries [J]. Advanced functional materials, 2017, 27(23):1700522.

[39] NIU F E, WANG N N, YUE J, et al. Hierarchically porous $CuCo_2O_4$ microflowers: a superior anode material for Li-ion batteries and a stable cathode electrocatalyst for Li-O_2 batteries [J]. Electrochimica Acta, 2016, 208:148—155.

[40] 梁敬魁. 粉末衍射法测定晶体结构:上下册 [M]. 2 版. 北京:科学出版社,2011.

[41] 陈小明,蔡继文. 单晶结构分析原理与实践 [M]. 2 版. 北京:科学出版社, 2007.

[42] 马礼敦. 近代 X 射线多晶体衍射:实验技术与数据分析 [M]. 北京:化学工业出版社,2004.

[43] DAVID W I F, SHANKLAND K, MCCUSKER L B, et al. Structure determination from powder diffraction data [M]. New York: Oxford University Press, 2002.

[44] EGAMI T, BILLINGE S J L. Underneath the bragg peaks: structural analysis of complex materials [M]. 2nd edition. Oxford: Pergamon Press, 2012.

[45] TOBY B H, VON DREELE R B. GSAS-II: the genesis of a modern open-source all purpose crystallography software package [J]. Journal of Applied Crystallography, 2013, 46:544—549.

[46] YOUNG R A. The rietveld method [M]. Oxford: Oxford University Press, 1993.

[47] 刘强春. 材料现代分析测试方法实验 [M]. 合肥:中国科学技术大学出版社,2018.

[48] 张庆军. 材料现代分析测试实验 [M]. 2 版. 北京:化学工业出版社,2014.

[49] 云南大学材料学科实验教学教研室. 材料物理与化学制备实验教程[M]. 北京:化学工业出版社,2015.

[50] 刘德宝. 功能材料制备与性能表征实验教程 [M]. 北京:化学工业出版社,2019.

[51] 刘辉敏. 无机材料工艺教程 [M]. 北京:化学工业出版社,2015.

[52] 张鹏,赵丕琪,侯东帅. 计算机在材料科学与工程中的应用 [M]. 北京:化学工业出版社,2018.